普通高等学校"十四五"高等～学院相关专业特色教材

Java Web 开发技术基础案例教程

主 编　姚　远　黄文文　王慧芳

副主编　韩　昊　黄玉兰　张　樊

　　　　周华涛　黄　戛

华中科技大学出版社

中国·武汉

内 容 介 绍

全书共分 7 章, 主要包括 HTML 基础、JSP 基础、Java Web 内置对象、Servlet 基础、JDBC 与 Java Web 中的数据访问应用、Java Web 框架技术应用开发、Java Web 微服务技术: Spring Boot 与 Spring Cloud 基础等。所有知识都结合具体的实例进行介绍, 涉及的程序代码均给出详细的注释, 可以使读者轻松领会 Java Web 应用程序开发的精髓, 快速提高开发技能。另外, 本书除纸质内容外, 还提供了开发资源库, 包括视频、习题库。

本书可供高等院校计算机科学与技术、软件工程等相关专业的学生使用, 也可供广大计算机软件技术人员、应用开发人员、工程技术人员、对软件开发感兴趣的人员参考。

图书在版编目 (CIP) 数据

Java Web 开发技术基础案例教程/姚远, 黄文文, 王慧芳主编. —武汉:华中科技大学出版社, 2022.1 (2025.1 重印)
ISBN 978-7-5680-7946-4

Ⅰ.①J… Ⅱ.①姚… ②黄… ③王… Ⅲ.①JAVA 语言—程序设计—教材 Ⅳ.①TP312.8

中国版本图书馆 CIP 数据核字 (2022) 第 013427 号

Java Web 开发技术基础案例教程   姚远 黄文文 王慧芳 主编
Java Web Kaifa Jishu Jichu Anli Jiaocheng

策划编辑: 范　莹
责任编辑: 陈元玉
封面设计: 原色设计
责任监印: 周治超
出版发行: 华中科技大学出版社(中国·武汉)   电话: (027)81321913
　　　　　武汉市东湖新技术开发区华工科技园 邮编: 430223
录　　排: 武汉金睿泰广告有限公司
印　　刷: 武汉开心印印刷有限公司
开　　本: 787mm × 1092mm　1/16
印　　张: 14.5
字　　数: 360 千字
版　　次: 2025 年 1 月第 1 版第 3 次印刷
定　　价: 46.00 元

前　言

Java 语言是由 Sun 公司于 1995 年 5 月推出的面向对象的程序设计语言。Java 技术是 Java 语言和 Java 平台技术的总和。Java Web 技术是通过 Java 技术来为 Web 互联网领域提供解决方案的技术总和。

Java Web 技术包括 Web 服务器技术和 Web 客户端技术。Web 客户端技术，如 Java Applet，目前已较少应用。Web 服务器技术则发展迅猛，包括 JSP、Servlet、Web 服务器高级框架技术、微服务技术等。Java 技术对 Web 领域的发展注入了强大的动力。

本书为读者提供了大量案例，可以帮助读者学习 Java Web 应用程序设计的开发技术，培养读者的开发工程能力，提高工程开发素养，打开 Java Web 开发的工程大门，打通 Java Web 高阶技术通道。全书所有知识都结合具体的实例进行介绍，涉及的程序代码均给出详细的注释，可以使读者轻松领会 Java Web 应用程序开发的精髓，快速提高开发技能。另外，本书除纸质内容外，还提供了开发资源库，包括视频、习题库。

全书共分 7 章。第 1 章为 HTML 基础，包括 HTML 五大类标记及基本应用，为第 2 章 JSP 的学习提供必备的 HTML 技术基础。第 1 章同时包含 CSS 开发基础，可让读者获得较为全面的且基础的认知并应用 CSS。第 2 章为 JSP 基础，包含 JSP 的四大元素，即页面指令、标签行为、代码片段和静态模板等，是 Java Web 开发最为基础的技术之一。通过第 2 章的学习，读者可以将基于 Java 语言编写的代码结合 HTML 无缝融入 Java Web 中。读者还会学到 EL 表达式语言和 JavaBean 等技术。第 3 章为 Java Web 内置对象。Java Web 的九大内置对象是 Java Web 服务器端技术运作的核心基础之一，不仅是 JSP 技术的内置对象，也是 Servlet 中重要的对象。在第 4 章的学习中，我们发现 JSP 的本质是 Servlet，服务器端九大内置对象无论在 JSP 开发环境中或在 Servlet 开发环境中，其背后的本质和运用方法是一致的。通过前 4 章的学习，读者可以综合运用 HTML 技术、JSP 技术、Servlet 技术来开发基于层次架构模式的 Web 应用系统。第 5 章将重点学习 JDBC 技术及其在 MS SQL Server & MySQL 中的数据库应用技巧。学习本章后，读者可结合前 4 章的数据库访问技术来提升 Web 应用系统的开发能力。第 6、7 章将引领读者从 Java Web 开发基础到 Java Web 框架技术开发（SSM）、Java Web 微服务技术：Spring Boot 与 Spring Cloud 的学习，对目前流行的框架技术进行概览，并提升高级框架技术运用的基本能力。

本书特点主要包括以下几点。

（1）提供丰富的案例及配套项目。

全书各章内容相互独立，均提供知识点匹配案例。同时采用项目化教学，每章均配套 1~4 个项目，且章节间的项目通过层层递进、迭代式方式帮助读者达到"处处可动手，处处可实践，处处可验证"的学习效果，并通过案例演练、项目实践等帮助读者学习前沿技术，打开 Java Web 开发工程的大门。

（2）帮助读者从 Java 学习到 Java Web 学习、从代码堆砌到思考技术本源。

读者阅读本书以前，应具备前导技术基础，包括 Java 语言和 Java 平台技术。本书会帮助读者将 Java 技术无缝衔接到 Java Web 的各个案例和项目中。读者会由传统的技术点学习思考方式转换为探索技术"从哪里来"（出现的本源及原因）、"干什么"（问题的解决及应用）、"到哪里去"（技术的演变和发展）。

（3）配套习题库及教学视频。

本书编写者由教学多年并长期在 Java 技术一线的大学教师，以及具备丰富 Java Web 开发经验的企业工程师组成。参加本书编写与审稿工作的有姚远、黄文文、王慧芳、黄冠、韩昊等。在本书的编辑和出版过程中，得到了华中科技大学出版社编辑的支持和指导，在此表示衷心的感谢！

由于编者水平有限，书中难免有不妥和错误之处，敬请读者批评指正。

编　者

2022 年 1 月

目　　录

第 1 章　HTML 基础

【追根溯源】

我们常使用 Web 浏览器，如 IE、Firefox、Chrome 等来浏览网页。HTML 译为超文本标记语言（同时也译为超文本标签语言），是用于编写网页文件的基础语言。HTML（Hyper Text Markup Language）包含一系列标记，这些标记告诉 Web 浏览器如何显示页面。扩展名为.html 的文件是一些包含标记的文本文件。页面的相关信息、页面内容，如声音、文字、图像等通过这些标记组织起来。互联网中的各 Web 服务器站点存储了大量的网页相关文件，使得信息可以在全球范围内共享。

随着 Internet 的兴起，应用程序的开发模式也从传统的桌面应用程序、客户端/服务器端（C/S）程序转换为浏览器/服务器端（B/S）程序。各种基于 Web 应用的编程技术纷纷涌现，如 ASP、ASP.NET、PHP、JSP 等。将 Java 和 HTML 进行结合，可以充分发挥 Java 技术的优势，开发出强大的，无论是针对浏览器端运行的程序，还是 Web 服务器端运行的程序。因此，在具体学习 Java 开发 Web 应用程序之前，需要对 HTML 进行初步了解。

1.1　认识 HTML

我们从下面这个例子来认识 HTML。

案例 1.1　认识 HTML 示例。

```
<!DOCTYPE HTML PUBLIC "-//W3C//DTD HTML 4.01//EN"
"http://www.w3.org/TR/html4/strict.dtd">
<html>
<head>
<title>页面的标题</title>
</head>
<body>
<p>这是我的第一个页面。<b>这是粗体文本。</b></p>
</body>
```

```
</html>
```

HTML 中的标记一般成对出现，用于表示一定的含义，如<p>和</p>表示段落，<p>和</p>之间的文本都在这个段落之内，<p>表示段落开始，</p>表示段落结束，和标记中的文本将以粗体显示。标记开始部分内还可以插入各种属性，以指定该标记内文本的一些特定性质。如<input type="button"></input>这个标记，其中的 type="button"属性就表示 input 对象是一个按钮对象。

HTML 文件一般以.html 为扩展名。Web 服务器不对 HTML 文件进行解析，而是直接发送给客户端，由客户端浏览器负责解析，如 IE、Firefox。本章中所有 HTML 文件均通过 Firefox 进行解析。不同的浏览器在解析 HTML 文件时，可能会有一些区别，读者在深入学习和应用 HTML 后会有更多的认识。平时通过浏览器浏览各大网站时，地址栏看到的以.aspx、.asp、.jsp 等扩展名结尾的网址，则是服务器处理页面，它们并不直接发送到客户端，需要经过服务器处理产生最终的 HTML 文件才会发送到客户端。

1.2 HTML 文件结构

HTML 文件由以下三部分组成。

第一部分：一行 HTML 版本信息。

第二部分：一段声明性的头部。

第三部分：文件体，包含该文件的内容。文件内容可以是被<body>标记包围的文字，也可以是被<frameset>标记包围的框架集。

案例 1.2 完整的 HTML 文件结构示例。代码如下：

```
<!DOCTYPE HTML PUBLIC "-//W3C//DTD HTML 4.01//EN"
"http://www.w3.org/TR/html4/strict.dtd">
<html>
<head>
<title>页面的标题</title>
</head>
<body>
<p>这是我的第一个页面。<b>这是粗体文本。</b></p>
</body>
```

```
</html>
```

完整的 HTML 文档结构示例程序运行效果如图 1.1 所示（本章中的所有示例均在 Firefox 浏览器下执行）。

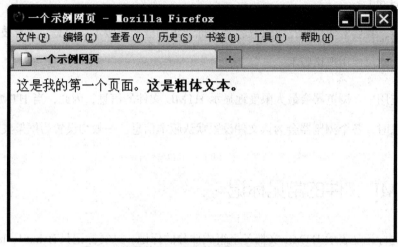

图 1.1　完整的 HTML 文件结构示例程序运行效果

其中第二部分和第三部分应该被一个 HTML 标记包围，这在后面部分会介绍到。第一部分的版本信息表示 HTML 文件的版本。若 HTML 文件版本不同，则 HTML 文件里可以使用的标记和属性也有区别。同时，由于历史演变和应用变化等，同一版本的 HTML 标记也可以分为不同的模式，实际上是几个不同的亚版本。

2014 年 10 月 29 日，万维网联盟（W3C）宣布 HTML 5 标准规范制定完成并公开发布。

HTML 4.01 版本有以下三个亚版本。

（1）第一个亚版本称为严格版本，它不能使用过时的标记和属性，文件中只能包含 4.01 版本中明确定义的内容。在文件中的声明方式为文件首行内容：<!DOCTYPE HTML PUBLIC "-//W3C//DTD HTML 4.01//EN" "http://www.w3.org/TR/html4/strict.dtd">。

（2）第二个亚版本称为过渡版本，它包含 4.01 版本中所有明确定义的内容，同时也兼容那些过时的但出于习惯仍被大量使用的标记和属性（如 CENTER、FONT 等标记）。它在文件中的声明方式为文件首行内容：<!DOCTYPE HTML PUBLIC "-//W3C//DTD HTML 4.01 Transitional//EN" "http://www.w3.org/TR/html4/loose.dtd">。

（3）第三个亚版本称为框架集版本，它兼容过渡版本的所有标记和属性，同时还兼容框架集定义，以支持老式的分框架来显示网页功能。它在文件中的声明方式为文件首行内容：

`<!DOCTYPE HTML PUBLIC "-//W3C//DTD HTML 4.01 Frameset//EN" "http://www.w3.org/TR/html4/frameset.dtd">`

为了兼容，我们常使用的是可以兼容新老标记集的框架集版本。但是，随着技术的进步和时代的发展，建议使用严格版本。

在实际应用中，浏览器会最大限度地显示 HTML 文件的信息，因此，当 HTML 文件中不存在版本信息时，各个浏览器会为该文件设置默认版本信息。一般均设置为框架集版本。

1.3 HTML 文件的常见标记

文档结构标记是表示 HTML 文档各个组成部分的标记。这类标记只有 html、head 与 body 三个。

1. html（文件整体）标记

整个 HTML 文件必须包含一个 html 标记，并且也只能包含一个。HTML 代表的是整个文件，因此，除版本信息外，其他内容应该全部包含在 html 标记内部。现在的浏览器大都有一定的程序容错性，不符合 HTML 规范的文件有时也能显示正常，但是别把程序运行结果可靠的希望寄托在这种类似于丢骰子的机会之上。

html 标记内实际上只包括两个子标记：head 标记和 body 标记，分别代表前面所说的 HTML 头部和文档内容。

案例 1.3　一个结构比较简单但完整的 HTML 文档示例。

```
<html>
<head>
    <title>一个示例网页</title>
</head>
<body>这是 HTML 里要显示的内容。</body>
</html>
```

一个结构比较简单但完整的 HTML 文档示例程序运行效果如图 1.2 所示。

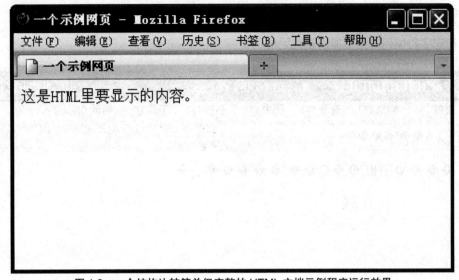

图 1.2　一个结构比较简单但完整的 HTML 文档示例程序运行效果

2. head（文件头）标记

head 标记表示 HTML 文件的头部，浏览器浏览 HTML 文件时，这个标记里的内容不会被显示。但是这个标记内的内容对于控制文档内容显示、引入外部资源文件、提供文档的标题及信息来帮助网络搜索引擎进行搜索等辅助信息十分重要。

一般我们会在文件头标记里标示出文档的标题、引用的外部层叠样式表(css)文件、本文档的语言文字编码等。

案例 1.4　典型的 HTML 文件 head 标记的应用。head 标记指明了标题、文档使用的字符编码是 UTF-8。

```
<head>
<meta http-equiv="Content-Type" content="text/html;charset=utf-8"/>
<title>一个示例网页</title>
</head>
```

下面这个标记里的内容，指明了文档标题、文档使用的字符编码，以及外部引用的 css 文件。

```
<head>
<meta http-equiv="Content-Type" content="text/html;charset=utf-8"/>
<title>一个示例网页</title>
<link href="style/global.css" rel="stylesheet" type="text/css"/>
</head>
```

文档标题一般会显示在浏览器窗口的标题栏及应用程序任务栏里。文档字符编码则指定浏览器显示内容所使用的编码方式。如果在 HTML 文档中不指定字符编码方式，则浏览器只能进行自动字符编码匹配,有可能与 HTML 原始编码不同,这时便会出现乱码。图 1.3 是一个 HTML 文档未指定字符编码时浏览器出现乱码的例子。

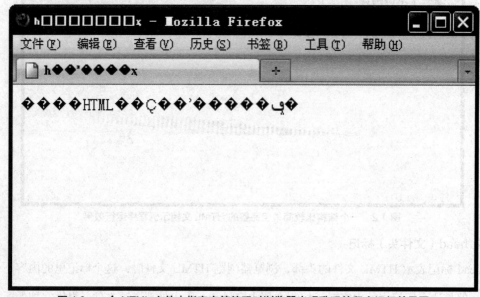

图 1.3　一个 HTML 文件未指定字符编码时浏览器出现乱码的程序运行效果图

css 文件是层叠样式表,是对网页显示风格的定义集合,将在后面介绍。

3. body(文件体)标记

body 代表 HTML 文件的主要内容。每个 HTML 文件里,body 标记必须出现且只出现一次。只有在这个标记内部的内容才可以显示在客户端。代码如下:

```
<body>这是 HTML 里要显示的内容。</body>
```

认识 HTML:HTML 文档结构

1.3.1　内容标记

HTML 文件内包含一些基本的文字段落,html 标记可以将被标记包围的文本进行格式控制,如字体名称、字体大小、颜色及列表显示等。注意,这些标记只能在 body 标记内出现。

1.span（文本块）标记

span 标记表示一段通用文本内容。该标记内文本的颜色、字体和大小被其属性指定。

案例 1.5　span 标记的应用。要求 span 标记中的内容在浏览器内显示为红色加粗宋体字。示例代码如下：

```
<span style='color:red;font-weight:bold;font-family:宋体'>我是加粗红色字。</span>
```

span 标记的程序运行效果如图 1.4 所示。

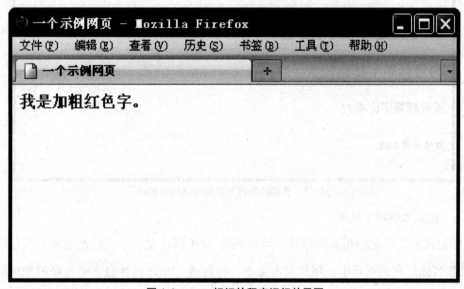

图 1.4　span 标记的程序运行效果图

2. h1~h6（标题）标记

h1~h6 标记表示标题。位于此标记内的文字将会作为标题显示，1 到 6 表示标题级别，h1 是最大级别，级别越高，文字的尺寸越大。

案例 1.6　各级标题的显示样式。示例代码如下：

```
<h1>一号标题字体最大最粗。</h1>
<h2>二号标题很大很粗。</h2>
<h3>三号标题字体大且粗。</h3>
<h4>四号标题字体比较大。</h4>
<h5>五号标题字体略大</h5>
<h6>六号标题加粗。</h6>
```

各级标题样式的程序运行效果如图 1.5 所示。

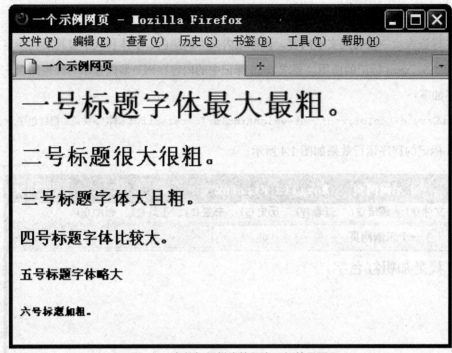

图 1.5　各级标题样式的程序运行效果图

3. a（超文本链接）标记

a 标记表示文档中的超文本链接，该标记的 href 属性是一个互联网地址，其包围的文本是链接名称。在浏览器中，用户点击文本，将转换为 href 属性包含的互联网地址所指向的内容。

案例 1.7　超文本链接标记的应用。浏览器将会显示一个指向百度搜索引擎的链接，该链接的名字为"用百度搜搜"，代码如下：

```
<a href="http://www.baidu.com">用百度搜搜</a>
```

超文本链接标记的程序运行效果如图 1.6 所示。

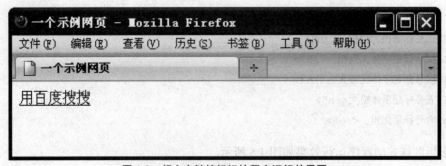

图 1.6　超文本链接标记的程序运行效果图

4. img（图像）标记

img 标记表示为 HTML 文档中的一张图像。该标记的 src 属性用来指定该图像的数据来源，src 属性应该是互联网上可访问的一个图像文件地址。如果 src 属性未设置或者设置的地址不正确，那么应该显示图像的位置将会显示一个不能访问的图像标志。为了避免图像在不能正确访问时让用户看到提示信息，可以设置 alt 属性以显示替代文字。

图像一般按照其原来大小显示，也可以通过 width 与 height 属性强制浏览器按照指定的宽度与高度显示。当图像尺寸小于设置的尺寸时，图像将被拉伸。当图像尺寸大于设置的尺寸时，图像将被压缩。

案例 1.8　一个显示图像的示例。要求：如果该图像因某种情况不能访问，则其替代文字是"用户的头像"，代码如下：

```
<img src="img/notloginuser.png" alt="用户的头像"/>
```

显示图像的程序运行效果如图 1.7 所示。

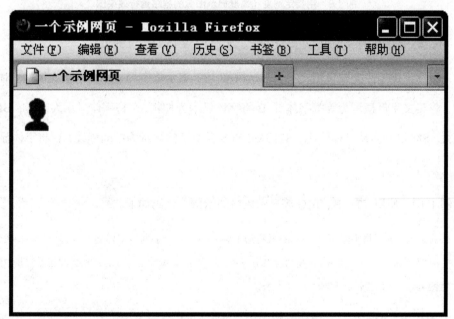

图 1.7　显示图像的程序运行效果图

案例 1.9　一个用指定宽度和高度显示图像的示例。要求：当指定了宽度与高度时，原始图像将被拉伸或压缩，代码如下：

```
<img src="img/notloginuser.png" alt="用户的头像" width="200" height="200"/>
```

用指定宽度和高度显示图像的程序运行效果如图 1.8 所示。

图 1.8　用指定宽度和高度显示图像的程序运行效果图

5. TT、B、I、BIG、SMALL、STRIKE、S、U（字体变化）标记

这一组标记用于改变被包围文字的显示风格。TT 表示将字母显示为电报文风格（对中文不起作用，将英文字母显示为等宽字体），B 将字体显示为加粗，I 将字体显示为倾斜，BIG 会使字体加大，SMALL 会使字体缩小，STRIKE 与 S 会使字体显示为中间划线，U 将字体显示为下划线。

案例 1.10　使用 TT、B、BIG 等显示风格的示例。代码如下：

```
<TT>我是电报文风格字体</TT>，<B>我将加粗显示<B>。<I>我将以斜体显示</I>。<BIG>我会以大一
号的字体显示</BIG>,<SMALL>我则会以小一号字体显示</SMALL>。<STRIKE>注意看，我中间划线了
</STRIKE>。<U>我带有下划线显示</U>。
```

使用 TT、B、BIG 等显示风格的程序运行效果如图 1.9 所示。

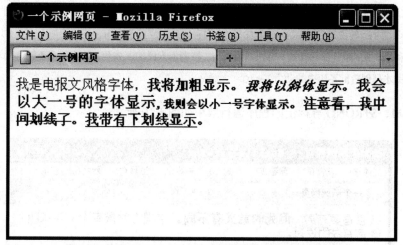

图 1.9　使用 TT、B、BIG 等显示风格的程序运行效果图

注意，STRIKE、S 及 U 这几个标记事实上已经过时，尽量不要使用。

字号大小根据浏览器的设置而定。

6. EM、STRONG、CITE、BLOCKQUOTE、Q、DFN、CODE、SAMP、KBD、VAR、ABBR、ACRONYM（行文）标记

这一组标记与上一组标记都是改变字体的显示。但是这一组标记只是指定明确的语义而并不明确指定显示方式。在不同的浏览器中，甚至不同的浏览器版本上，这些标记的显示方式都会发生变化。

EM 和 STRONG 标记表示被包围文字是强调部分，STRONG 比 EM 强调程度更深；CITE 表示被包围文字是一个注记或引用来源；BLOCKQUOTE 与 Q 都是引用，前者表示多行引用文字，有分段，后者表示简单的单行文本引用；DFN 表示被包围文字是一个术语；CODE 表示被包围文字是一段计算机代码；SAMP 表示被包围文字是一组程序或脚本的输出结果；KBD 表示应该由用户输入的信息；VAR 表示一个变量或者程序参数；ABBR 表示一种缩写形式；ACRONYM 表示首字母缩写形式。

以上标记比较常用的是 EM、STRONG、CITE、BLOCKQUOTE、Q，其他标记一般在计算机专业场合及纯英语场合使用。

案例 1.11　一个使用 EM、STRONG 等标记的示例。代码如下：

<EM>人总是要死的</EM>，<STRONG>但死的意义有不同。</STRONG>中国古时候有个文学家叫做<CITE>司马迁</CITE>的说过：<BLOCKQUOTE>"人固有一死，或重于泰山，或轻于鸿毛。"</BLOCKQUOTE>为人民利益而死，就比泰山还重；替法西斯卖力，替剥削人民的人去死，就比鸿毛还轻。<Q>人民，人民，只有人民才是创造世界历史的动力。</Q>

使用 EM、STRONG 等标记的程序运行效果如图 1.10 所示。

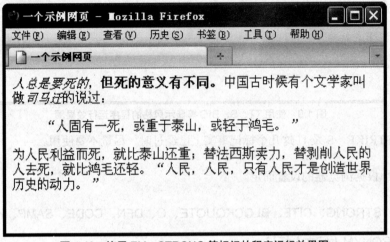

图 1.10　使用 EM、STRONG 等标记的程序运行效果图

7. P（段落）标记

P 标记表示被包围的文字是一个自然文本段落。当篇幅比较长的文章要显示在 HTML 页面上时，使用<P>标记给每段文字标记是一个好的习惯。

案例 1.12　使用 P 标记的示例。代码如下：

<P>我与父亲不相见已两年有余了，我最不能忘记的是他的背影。那年冬天，祖母死了，父亲的差使也交卸了，正是祸不单行的日子，我从北京到徐州，打算跟着父亲奔丧回家。到徐州见着父亲，看见满院狼藉的东西，又想起祖母，不禁簌簌地流下眼泪。父亲说，"事已如此，不必难过，好在天无绝人之路！"</P><P>回家变卖典质，父亲还了亏空；又借钱办了丧事。这些日子，家中光景很是惨淡，一半为了丧事，一半为了父亲赋闲。丧事完毕，父亲要到南京谋事，我也要回北京念书，我们便同行。</P>

使用 P 标记的程序运行效果如图 1.11 所示。

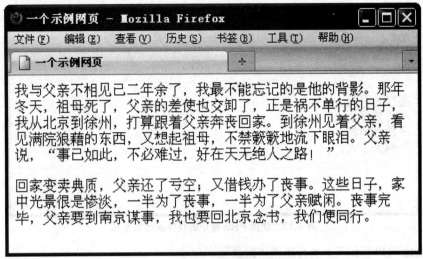

图 1.11　使用 P 标记的程序运行效果图

认识 HTML：标记介绍

8. PRE（预排版文本）标记

PRE 标记表示被包围的文字是已经进行了格式排版的文字。该标记的意义在于，被包围文字中的空白和换行都被保留，而不是像一般的 HTML 文本内容那样被忽略。所以预排版文字可以按照用户排版的样式显示。

案例 1.13　使用 PRE 标记的示例。代码如下：

```
<PRE>
高楼危百尺，
手可摘星辰。
不敢高声语，
恐惊天上人。
</PRE>
```

使用 PRE 标记的程序运行效果如图 1.12 所示。

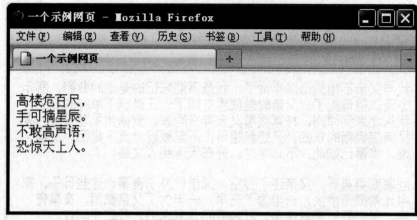

图 1.12　使用 PRE 标记的程序运行效果图

从图 1.12 可以看到其中换行得以"保留"。

1.3.2　一般布局类标记

1. DIV（布局块）

DIV 标记表示屏幕内的一块显示文本及其他内容的矩形区域。这个标记包围的内容将被限制在该标记所规定的矩形区域内，而不再是父标记所限定的显示区域内。这样，该组文本就独立于其他内容。如案例 1.14 所示，在一个 body 标记内有三个 DIV 标记，每个标记被指定了宽度、高度，每个 DIV 标记内的文本均只能显示在对应的 DIV 范围内。

案例 1.14　DIV 分块示例。代码如下：

```
<BODY>
    我是正文中的文本，我不会被限制在其他三个文本块里。
    <DIV style="width:200px;height:200px;background:#cc0000">
    我是第一个文本块，我应该有 200x200 的大小。</DIV>
    <DIV style="width:140px;height:300px;background:#00cc00">我是第二个文本块，
    我只有 140px 宽，但是却有 300px 高。
    </DIV>
    <DIV style="width:200px;height:200px;background:#00cccc">我是第三个文本块，
    你看得到我们三个文本块互相独立，互不干扰。</DIV>
</BODY>
```

DIV 分块的程序运行效果如图 1.13 所示。

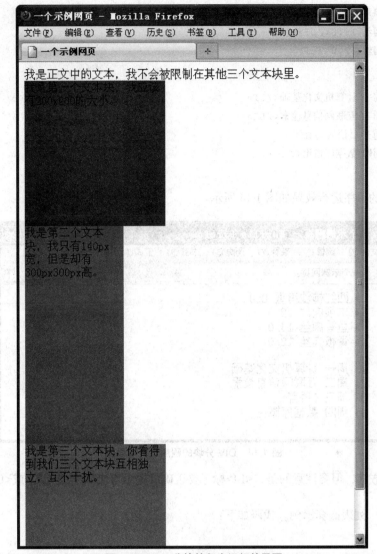

图 1.13　DIV 分块的程序运行效果图

2. UL（无序列表）标记、OL（有序列表）标记、LI（列表项目）标记

这几个相关标记用来表示一组相同性质的内容的集合，如菜单项目、课程名称等。其中，UL 标记代表无序列表，OL 标记代表有序列表，LI 标记代表列表中的一条项目。无序列表和有序列表的区别在于：有序列表会对它包含的每个项目进行顺序编号并进行显示。

<LI>标记必须与<UL>或<OL>标记一同出现。任何一个<LI>标记都表示它是父级<UL>或<OL>列表项的一个条目。

案例 1.15　一个典型的无序列表和有序列表的示例。代码如下：

```
<UL>
<LI>西红柿炒鸡蛋 8.0</LI>
```

```
<LI>木须肉片 12.0</LI>
<LI>鱼香肉丝 14.0</LI>
<LI>青椒肉丝 12.0</LI>
</UL>
<OL>
    <LI>周一 计算机文化基础</LI>
    <LI>周二 互联网信息检索</LI>
    <LI>周三 C语言</LI>
    <LI>周四 数据库概论</LI>
</OL>
```

DIV 分块的程序运行效果如图 1.14 所示。

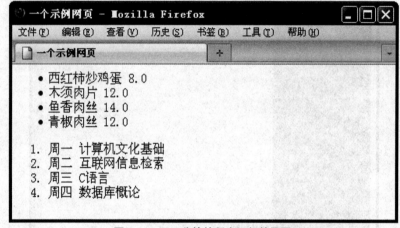

图 1.14　DIV 分块的程序运行效果图

列表可以嵌套，但要注意的是，<LI>标记要正确放置于对应级别的<UL>或<LI>标记内。

案例 1.16　列表嵌套示例。代码如下：

```
<UL>
<LI>网站首页</LI>
<LI>本站简介</LI>
<LI>服务内容
    <UL>
        <LI>电脑软件开发与维护</LI>
<LI>电脑维修</LI>
<LI>品牌电脑销售</LI>
    </UL>
</LI>
<LI>联系我们</LI>
</UL>
```

列表嵌套的程序运行效果如图 1.15 所示。

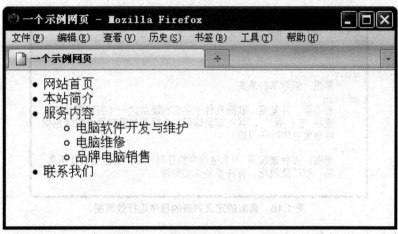

图 1.15　列表嵌套的程序运行效果图

3. DL（定义列表）标记、DT（定义条目）标记、DD（定义内容）标记

这几个标记组合表示一个定义列表。定义列表实际上类似于项目列表，但列表中的每个条目通常会有一个对应的术语或标题。就好像一部词典中的条目及其解释一样。其中<DL>标记表示定义列表本身，<DT>标记表示一条术语，<DD>标记表示该术语的解释。<DT>标记与<DD>标记只能出现在<DL>标记内部，并且通常情况下，<DT>标记和<DD>标记要一一对应。在 HTML 标准中，DT 标记内的文本是流文本块，而<DD>标记内的文本则是块文本块。即<DT>标记内的内容按照一般文字流的方式被限制在父对象的显示范围内，而<DD>标记内的内容被限制在它自己的文本块显示范围内。

定义列表可以用来显示术语列表、词典条目，或者另一个常见用途，即人物之间的对话，其中，<DT>标记表示发言人的身份，而<DD>标记表示发言的内容。

案例 1.17　一个典型的定义列表的示例。代码如下：

```
<DL>
<DT> apple</DT>
<DD>苹果,似苹果的果实</DD>
<DT> cabbage</DT>
<DD>卷心菜,甘蓝菜:欧洲几种十字花科蔬菜之一（芸苔属甘蓝 变种 卷心菜）,其头部呈球形,由短茎和紧密层叠的绿色到略带紫色的叶子组成</DD>
<DT> grape</DT>
<DD>葡萄:多种葡萄属 木本植物中的任何一种,有簇生可食用果实,被广泛栽培,有许多种类和变种
</DD>
</DL>
```

典型的定义列表的程序运行效果如图 1.16 所示。

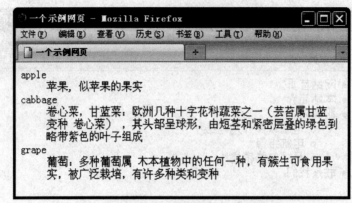

图 1.16 典型的定义列表的程序运行效果图

1.3.3 表格与相关标记

【追根溯源】

表格是 HTML 文档中的一类重要显示元素，在 HTML 发展初期与中期是不可替代的页面布局元素。表格可以用来显示各种数据报表、表格数据等，也可以使用规则的行或列将页面的不同内容分布在其单元格内，还可以根据需要将多行或者多列的单元格进行合并，以放置不同大小的内容。

案例 1.18 一个数据表格的示例。代码如下：

```
<TABLE>
<TR>
<TH>学号</TH>
<TH>姓名</TH>
<TH>年龄</TH>
<TH>性别</TH>
<TH>爱好</TH>
</TR>
<TR>
<TD>00001</TD>
<TD>张三</TD>
<TD>19</TD>
<TD>男</TD>
<TD>踢足球、上网</TD>
</TR>
<TR>
<TD>00002</TD>
<TD>李燕燕</TD>
<TD>19</TD>
<TD>女</TD>
<TD>读书、写作</TD>
</TR>
</TABLE>
```

数据表格的程序运行效果如图 1.17 所示。

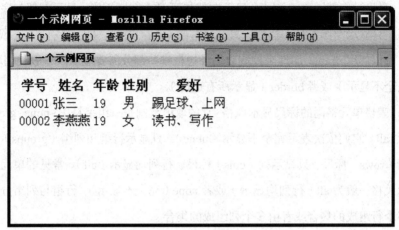

图 1.17　数据表格的程序运行效果图

从案例 1.18 中可以看到并得出表格的一些重要特征。

- <TABLE>标记包围的内容才属于表格。
- <TR>代表表格中的每一行。所有的数据和内容应放在<TR>标记内包含的单元格标记 <TH>或<TD>内。
- 表格中各行的单元格数量必须一致。
- 单元格内可以是内容，也可以是标题。<TD>是包含内容的单元格，<TH>是包含标题的 单元格。而<TH>表示的标题单元格只可以出现在最多一行或者一列内。

下面叙述各个标记的作用。

1. TABLE（表格）标记的作用

要在 HTML 文档中声明一个表格，必须使用 TABLE 标记。该标记除了表示一个表格外，还可以通过其属性来对该表格的内容显示进行全局性控制。其中重要的属性主要包括以下几个。

- width：表格的宽度。它是一个整数或者百分比数，如果是整数，则是指宽度的屏幕像素单元数量，如果是百分数，则是指占父级对象宽度的百分比。
- cellspacing：表格的单元格间距。它表示表格中单元格与单元格之间的距离，也是一个整数值，以屏幕像素单元为单位。
- cellpadding：表格单元格留空。它表示表格的单元格中的内容与单元格边界之间的空白空间。它也是一个整数值，以屏幕像素单元为单位。
- border：表格外边框的显示宽度。它是一个整数，表示边界显示的屏幕像素单元数量。如果该数为 0，那么表格的单元格不显示外边框。
- frame：表格外边框的显示风格。它的取值范围是一组字符串：void、above、below、hsides、

vsides、lhs、rhs、box、border。它们依次表示完全不显示（void）、只显示顶部（above）边框、只显示底部（below）边框、显示左部与顶部（hsides）边框、显示右部与底部（vsides）边框、只显示左部（lhs）边框、只显示右部（rhs）边框、显示所有（box 或 border）边框。可以使用 frame 属性来控制表格外边框哪些部分需要显示。一般我们取值为 void（完全不显示）或者 border（显示所有边框）。

- rules：表格单元格间的标尺显示风格。它的取值范围是一组字符串：none、groups、rows、cols、all。它们依次表示完全不显示（none）、只显示行组和列组（groups）标尺、只显示行（rows）标尺、只显示列（cols）标尺、行列均显示（all）。常见的单元格间的标尺显示风格一般为 all（行列均显示）或者 none（完全不显示）。行组与列组分别指表格中由多个行组成的集合或者由多个列组成的集合。

需要说明的是，border、frame 与 rules 这三个属性共同作用，对表格的边框和单元格间的标尺进行控制，因此它们互相关联。实际应用中，我们常常只使用 border 属性。例如，设置 border="0"，此时表示外边框完全不显示（frame="void"），单元格间的标尺也完全不显示（rules="none"）。而当设置 border 为大于 0 的整数时，在缺少 frame 和 rules 属性值时，外边框将自动设置为 frame="border"（显示所有边框），单元格间的标尺自动设置为 rules="all"（行与列标尺均显示）。

以下列举几个使用这些表格属性的例子。

一个宽度为 800 个像素单位、单元格间距为 0、单元格留空为 2 个像素单位、四边均有边框、边框宽度为 2 个像素单位、单元格间只有行标尺的表格，代码如下：

```
<TABLE width="800" cellspacing="0" cellpadding="2" border="2"
rules="rows">...</TABLE>
```

将该表格的风格设置应用于前面的简单表格，在浏览器中的显示效果如图 1.18 所示。

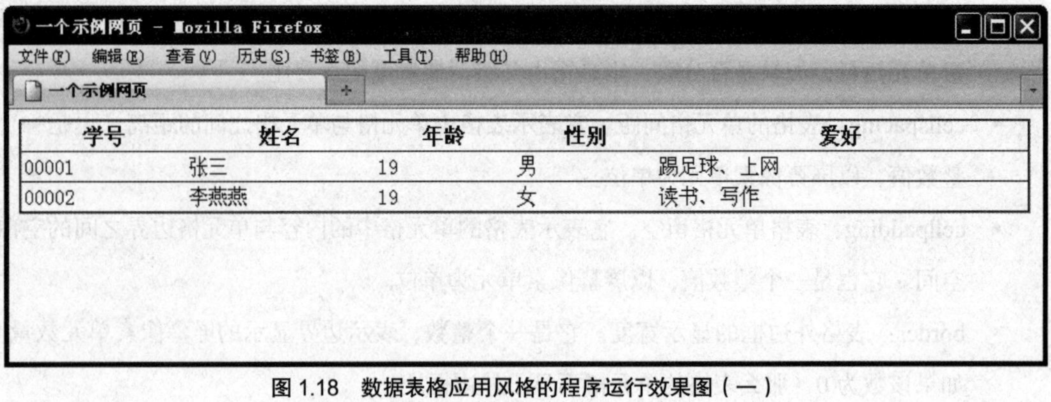

图 1.18 数据表格应用风格的程序运行效果图（一）

一个宽度为当前屏幕宽度的 70%、单元格间距为 3、单元格留空为 2 个像素单位、只有底部边框、边框宽度为 1 个像素单位、单元格间只有列标尺的表格，代码如下：

```
<TABLE width="70%" cellspacing="3" cellpadding="2" border="1" frame="below"
rules="cols">...</TABLE>
```

将该表格的风格设置应用于前面的简单表格，在浏览器中的显示效果如图 1.19 所示。

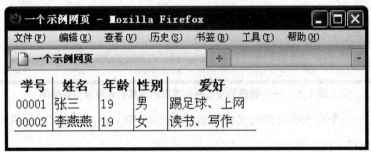

图 1.19　数据表格应用风格的程序运行效果图（二）

2. THEAD（表头）标记、TFOOT（表脚）标记、TBODY（表格主体）标记的作用

这三个标记都是 TABLE 标记内可使用的行组标记。它们的共同特点是，至少包含一个或多个表行。THEAD 标记和 TFOOT 标记分别表示表格的表头部分和表脚部分，而 TBODY 标记表示表格内的主体内容。

在一般的表格中，并不需要包括这三个标记，所有的表行自动属于一个隐式的 TBODY 标记。为了显示方便，可以根据需要添加 THEAD 标记和 TFOOT 标记。这两个标记的主要用途是用户在滚动查看表格内容的时候固定显示表头和表脚内容。

THEAD 标记和 TFOOT 标记只能在表格中出现一次，TBODY 标记则可以在表格中出现多次。HTML 规范还规定，如果表格内有 THEAD 标记与 TFOOT 标记，它们都必须放在 TBODY 标记的前面。

同一个表格内的 THEAD、TFOOT 与 TBODY 标记，所包含的表行的列单元格数目必须相同。它们包含的子标记只能是<TR>标记。

案例 1.19　一个普通的没有表头表脚的表格示例。该表格没有任何行组标记，所有表行属于隐含的 TBODY 行组。代码如下：

```
<TABLE>
    <TR><TD>2</TD><TD>3</TD><TD>5</TD></TR>
<TR><TD>7</TD><TD>11</TD><TD>13</TD></TR>
    </TABLE>
```

一个普通的没有表头表脚的表格的程序运行效果如图 1.20 所示。

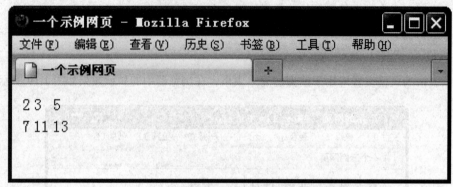

图 1.20 一个普通的没有表头表脚的表格的程序运行效果图

案例 1.20 一个有表头表脚的表格的示例此时<THEAD>、<TFOOT>、<TBODY>三个标记均在代码中出现一次，如下：

```
<TABLE>
    <THEAD>
        <TR><TH>姓名</TH><TH>年龄</TH><TH>爱好</TH></TR>
    </THEAD>
    <TFOOT>
        <TR><TH>姓名</TH><TH>年龄</TH><TH>爱好</TH></TR>
    </TFOOT>
    <TBODY>
        <TR><TD>张三</TD><TD>31</TD><TD>乒乓球</TD></TR>
        <TR><TD>李四</TD><TD>27</TD><TD>游泳</TD></TR>
    </TBODY>
</TABLE>
```

一个有表头表脚的表格的程序运行效果如图 1.21 所示。

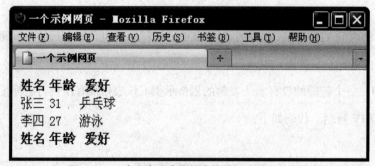

图 1.21 一个有表头表脚的表格的程序运行效果图

案例 1.21 一个有表头表脚及多个 TBODY 行组的表格，此时<THEAD>、<TFOOT>各有一个、<TBODY>标记有多个，代码如下：

```
<TABLE>
    <THEAD>
        <TR><TH>姓名</TH><TH>年龄</TH><TH>爱好</TH></TR>
    </THEAD>
        <TFOOT>
            <TR><TH>姓名</TH><TH>年龄</TH><TH>爱好</TH></TR>
    </TFOOT>
    <TBODY>
        <TR><TD>张三</TD><TD>31</TD><TD>乒乓球</TD></TR>
    <TR><TD>李四</TD><TD>27</TD><TD>游泳</TD></TR>
    </TBODY>
    <TBODY>
        <TR><TD>王五</TD><TD>31</TD><TD>排球</TD></TR>
    <TR><TD>赵六</TD><TD>27</TD><TD>足球</TD></TR>
    </TBODY>
    <TBODY>
        <TR><TD>钱七</TD><TD>31</TD><TD>篮球</TD></TR>
    <TR><TD>郑八</TD><TD>27</TD><TD>网球</TD></TR>
    </TBODY>
    </TABLE>
```

一个有表头表脚及多个 TBODY 行组的表格的程序运行效果如图 1.22 所示。

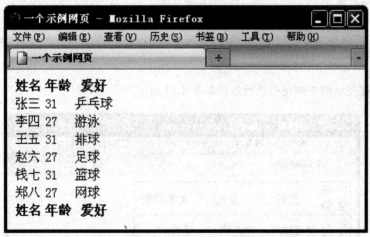

图 1.22　一个有表头表脚及多个 TBODY 行组的表格的程序运行效果图

3. COLGROUP（列组）标记、COL（列信息）标记的作用

表格的列组是指将表格中的多个列组合在一起。COLGROUP 标记就是实现这种组合表列的功能。COLGROUP 标记可以单独使用，以指定列组内包含表列的数量和相同宽度，也可以在 COLGROUP 标记内使用一组 COL 标记来说明列组内每个表列的具体宽度。在表格定义中，

COLGROUP 标记必须出现在所有表行内容之前，当表格有行组标记时，COLGROUP 标记还必须位于所有行组标记之前。

COLGROUP 标记单独使用时，可使用它的两个重要属性来指定其包含表列的特征。

- Span：本列组包含的表列数量。
- Width：所有表列的宽度。这个宽度可以是一个整数、一个百分数，或者一个特殊表示。大于 0 的整数表示以像素单元为单位的宽度，百分数表示表列宽度相对于表格总宽度的百分比。

当 COLGROUP 标记包含的表列设置的宽度不一样时，可以在 COLGROUP 标记内插入 COL 标记，再对不同的列组进行宽度指定。COL 标记的属性与 COLGROUP 标记的属性完全相同。

案例 1.22 分组控制宽度示例 1。

一个有 5 列的表格，其中前 2 列为一组，每列的宽度为 40 个像素单位，后面 3 列为另一组，每列的宽度为 60 个像素单位。代码如下：

```
<TABLE cellspacing="0" cellpadding="2" border="2" rules="rows">
    <COLGROUP span="2" width="20"></COLGROUP>
    <COLGROUP span="3" width="80"></COLGROUP>
<TR><TH>姓名</TH><TH>年龄</TH><TH>爱好</TH><TH>备注</TH><TH>大家评价</TH></TR>
    <TR><TD>张三</TD><TD>31</TD><TD>乒乓球</TD><TD>他是班长</TD><TD>优秀
</TD></TR>
<TR><TD>李四</TD><TD>27</TD><TD>游泳</TD><TD>他是体育委员</TD><TD>良好</TD></TR>
</TABLE>
```

分组控制宽度示例 1 的程序运行效果如图 1.23 所示。

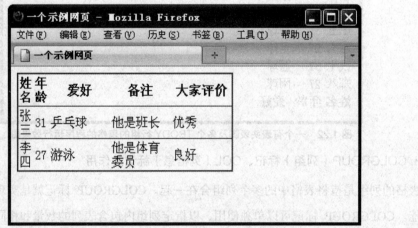

图 1.23 分组控制宽度示例 1 的程序运行效果图

案例 1.23　分组控制宽度示例 2。

一个有 5 列的表格，前 3 列为一组，每列的宽度均为 40 个像素单位；后面 2 列为一组，其中 1 列的宽度为 50 个像素单位，另外 1 列的宽度为 100 个像素单位。代码如下：

```
<TABLE rules="groups">
    <COLGROUP span="3" width="40"></COLGROUP>
    <COLGROUP>
        <COL width="50"></COL>
        <COL width="100"></COL>
</COLGROUP>
<TR><TH>姓名</TH><TH>年龄</TH><TH>城市</TH><TH>网名</TH><TH>爱好</TH></TR>
    <TR><TD>张三</TD><TD>31</TD><TD>武汉</TD><TD>好好学习生</TD><TD>乒乓球、羽毛球、
篮球、足球等啊</TD></TR>
<TR><TD>李四</TD><TD>27</TD><TD>北京</TD><TD>浪里白条娃</TD><TD>游泳</TD></TR>
</TABLE>
```

分组控制宽度示例 2 的程序运行效果如图 1.24 所示。

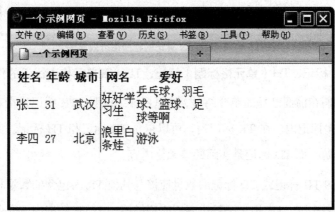

图 1.24　分组控制宽度示例 2 的程序运行效果图

4. CAPTION（表标题）标记的作用

表格可以有一个总标题，用于说明该表格的用途或内容。如果 CAPTION 标记存在，则它必须是 TABLE 标记内的第一个子标记。表格内只允许存在一个 CAPTION 标记。

案例 1.24　CAPTION 标记的示例代码如下：

```
<TABLE rules="groups">
    <CAPTION>人员运动爱好一览表</CAPTION>
    <COLGROUP span="3" width="40"></COLGROUP>
    <COLGROUP>
        <COL width="50"></COL>
        <COL width="100"></COL>
```

```
</COLGROUP>
<TR><TH>姓名</TH><TH>年龄</TH><TH>城市</TH><TH>网名</TH><TH>爱好</TH></TR>
    <TR><TD>张三</TD><TD>31</TD><TD>武汉</TD><TD>好好学习生</TD><TD>乒乓球
</TD></TR>
<TR><TD>李四</TD><TD>27</TD><TD>北京</TD><TD>浪里白条娃</TD><TD>游泳</TD></TR>
</TABLE>
```

CAPTION 标记的程序运行效果如图 1.25 所示。

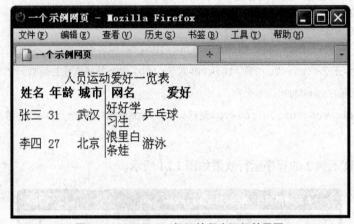

图 1.25　CAPTION 标记的程序运行效果图

5. TR（表行）标记、TH（单元格标题）标记、TD（表单元格）标记的作用

这几个标记我们在前面已经简单介绍过，这里再详细说明。TR 标记是指表行，表格内的每一行都必须位于 TR 标记内。在 TR 标记内，可以包含 TD 标记和 TH 标记。其中 TH 标记表示其内容是单元格标题，而 TD 标记是实际的单元格内容。

每一个 TR 内的 TH 标记或 TD 标记的数量应该与其他 TR 内包含的数量相等，除非某个单元格占据了多行或者多列。TH 标记一般出现于表格的第一个 TR 标记内（当表格的单元格标题横向排列时），或者表格中的每个 TR 标记的第一列（当表格的单元格标题纵向排列时）。在浏览器中显示表格时，TH 标记内的单元格标题的显示会区别于 TD 标记内的单元格内容，一般是字体加粗。

当 TD 标记或者 TH 标记占据多行或多列时，需要使用下列属性来说明占据的范围。

rowspan：占据行数量。大于 1 的一个整数值。

colspan：占据列数量。大于 1 的一个整数值。

案例 1.25　合并单元格示例 1。

以下是一个表格，其中第二行第三列占据了三行的位置，代码如下：

```
<TABLE rules="all">
    <CAPTION>人员运动爱好一览表</CAPTION>
<TR><TH>姓名</TH><TH>年龄</TH><TH>城市</TH><TH>网名</TH><TH>爱好</TH></TR>
    <TR><TD>张三</TD><TD>31</TD><TD>武汉</TD><TD>好好学习生</TD><TD rowspan="3">
乒乓球</TD></TR>
<TR><TD>李四</TD><TD>27</TD><TD>北京</TD><TD>浪里白条娃</TD></TR>
<TR><TD>王五</TD><TD>29</TD><TD>上海</TD><TD>江上飞</TD></TR>
</TABLE>
```

合并单元格示例 1 的程序运行效果如图 1.26 所示。

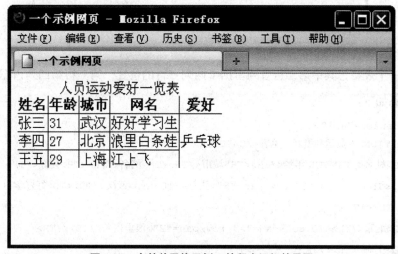

图 1.26　合并单元格示例 1 的程序运行效果图

案例 1.26　合并单元格示例 2。

以下是一个表格，其中第二行第二列占据了三列的位置，代码如下：

```
<TABLE rules="all">
    <CAPTION>人员运动爱好一览表</CAPTION>
<TR><TH>姓名</TH><TH>年龄</TH><TH>城市</TH><TH>网名</TH><TH>爱好</TH></TR>
    <TR><TD>张三</TD><TD>31</TD><TD>武汉</TD><TD>好好学习生</TD><TD >乒乓球
</TD></TR>
<TR><TD>李四</TD><TD colspan="3">所有信息暂缺</TD><TD >排球</TD></TR>
<TR><TD>王五</TD><TD>29</TD><TD>上海</TD><TD>江上飞</TD><TD>网球</TD></TR>
</TABLE>
```

合并单元格示例 2 的程序运行效果如图 1.27 所示。

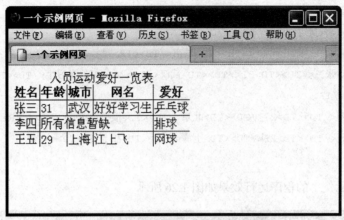

图 1.27　合并单元格示例 2 的程序运行效果图

案例 1.27　合并单元格示例 3。

以下是一个表格，其中第二行首列占据了两列三行的位置，第三行第四列占据了两列两行的位置，代码如下：

```
<TABLE rules="all">
    <CAPTION>人员运动爱好一览表</CAPTION>
<TR><TH>姓名</TH><TH>年龄</TH><TH>城市</TH><TH>网名</TH><TH>爱好</TH></TR>
    <TR><TD colspan="2" rowspan="3">张三</TD><TD>武汉</TD><TD>好好学习生</TD><TD >
乒乓球</TD></TR>
<TR><TD>北京</TD><TD colspan="2" rowspan="2">浪里白条</TD></TR>
<TR><TD>上海</TD></TR>
<TR><TD>钱七</TD><TD>33</TD><TD>武汉</TD><TD>勤学苦练</TD><TD>网球</TD></TR>
</TABLE>
```

合并单元格示例 3 的程序运行效果如图 1.28 所示。

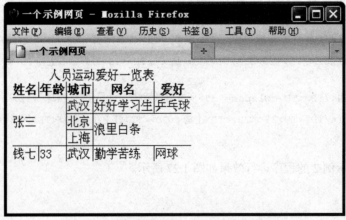

图 1.28　合并单元格示例 3 的程序运行效果图

表格制作

1.3.4　表单与相关标记

1. FORM（表单）标记

【追根溯源】

HTML 文件除了以多种格式显示文本图像等内容外，还有一个重要功能是与使用浏览器的用户进行交互。这是通过使用表单实现的，具体来讲，就是使用 FORM 及其相关标记实现的。

FORM 标记可使浏览器显示一个让用户进行交互式输入的表单。这个表单上可以有文本输入框、单选按钮、复选框、下拉框、按钮等多种输入控件，用户填写具体的信息后，可以使用表单的提交功能来向服务器发送请求。表单请求的结果一般是跳转到另一个页面，这是用户希望看到的结果，或者是用户希望获取的数据。

表单标记内除了可能有输入控件标记外，还可能有一般的布局标记。因此，我们可以在表单标记里使用其他布局标记来排列控件，常见的是使用 TABLE 标记或者 UL 标记。

表单标记必须填写两个属性，以保证服务器请求的正确性。这两个属性如下。

- action：表示有效的 URL，表示能够处理这个表单请求的服务器地址。
- method：表示表单数据提交方法的参数，取值为 "get" 或 "post" 中的一个。在 HTTP 规范中，"get" 提交方法是指表单提交的参数以参数名和参数值的值对形式编码于 URL 中，直接通过网络地址传递参数。而 "post" 提交方法是指表单提交参数编码于表单的请求数据体内传递。

表单提交一般是由表单内的 "提交" 按钮完成，除此之外，也可以使用客户端脚本来提交表单数据。

案例 1.28　使用 get 方法传递参数的表单。

代码如下：

```
<FORM action="http://localhost/dosomething" method="get">
<INPUT type="text" name="queryuser"/>
```

```
<input name="" type="submit" value="提交"/>
</FORM>
```

使用 get 方法传递参数的表单的程序运行效果如图 1.29 所示。

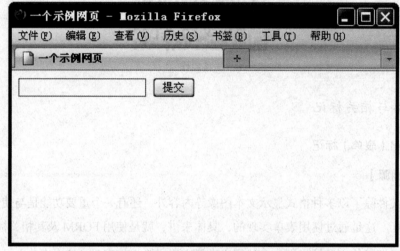

图 1.29　使用 get 方法传递参数的表单的程序运行效果图

案例 1.29　使用 post 方法传递参数的表单，在其内部使用 TABLE 标记对控件进行布局。

代码如下：

```
<FORM action="http://localhost/dosomething" method="post">
<TABLE border="1">
    <CAPTION>计算教师工资</CAPTION>
<TR><TH>姓名</TH><TD><INPUT type="text" name="teachername"/>
</TD></TR>
<TR><TH>职称</TH><TD><INPUT type="text" name="title"/>
</TD></TR>
<TR><TH>课时</TH><TD><INPUT type="text" name="hours"/>
</TD></TR>
<TR><TH> </TH><TD><input name="" type="submit" value="提交"/>
</TD></TR>
</FORM>
```

使用 post 方法传递参数的表单运行效果如图 1.30 所示。

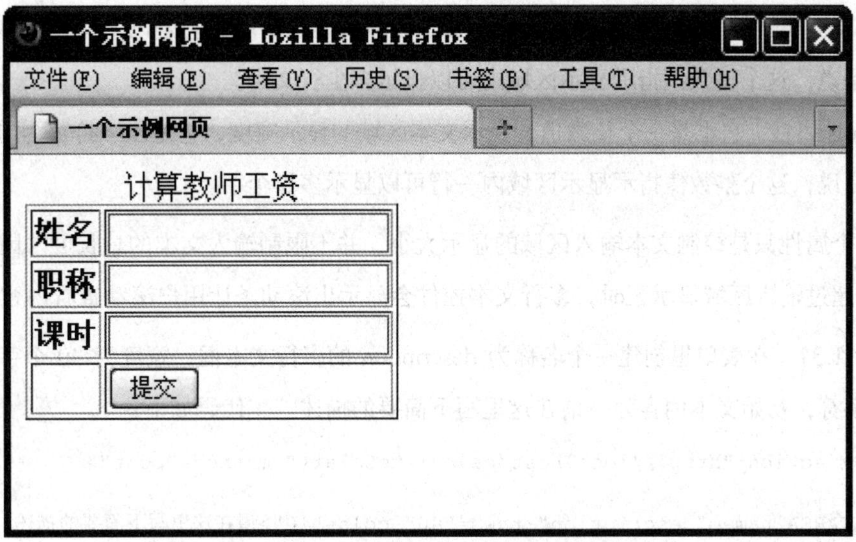

图 1.30　使用 post 方法传递参数的表单运行效果图

　　表单内的输入控件除个别之外，通常都以标记 INPUT 及其属性 type 的取值来定义。所有控件必须给属性 name 赋值，该值作为表单提交时相应参数的名称，否则控件的值无法传送到服务器端。

　　下面详细介绍常见的表单内控件。

2. INPUT type＝"text"（文本框输入）标记

INPUT type＝"text"标记是 HTML 表单内最常见的控件，用于显示单行文本框供用户输入。可以使用 value 属性来设置该文本框的初始值，使用 maxlength 属性来设置该文本框允许输入文字的长度。

　　案例 1.30　在表单里创建一个名称为 teachername 的文本框，允许文字最大长度为 20 个字符。

　　代码如下：

```
<FORM action="http://localhost/calculateSalary" method="post">
...
<INPUT type="text" name="teachername" maxlength="20" value=""/>
...
</FORM>
```

3. TEXTAREA（多行文本框）标记

TEXTAREA 标记用来显示多行文本输入区域。用户在这个输入区域里可以输入大段文本。TEXTAREA 标记并没有文本框的 value 属性，因此要给 TEXTAREA 标记设置初始文本内容，需要直接在 TEXTAREA 标记内部填写文本。

　　多行文本框标记的两个属性可以用来确定输入区域的大小。

- rows 属性。它是一个整数值，表示文本区域的显示高度，它是以字符高为单位。也就是说，这个整数值指示显示区域内可以显示多少行文字。
- cols 属性。它也是一个整数值，表示文本区域的显示宽度，它是以字符宽为单位。也就是说，这个整数值指示显示区域内一行可以显示多少个字。

这两个属性只是控制文本输入区域的显示大小，并不限制输入文本的总长度。因此，当输入的文本超过输入区域显示区时，多行文本控件会显示出滚动条让用户滚动查看内容。

案例 1.31 在表单里创建一个名称为 description 的多行文本框，宽度为 40 个字符，高度为 10 个字符，初始文本内容为"请在这里写下简要的描述。"，代码如下：

```
<FORM action="http://localhost/calculateSalary" method="post">
...
<TEXTAREA name="description" rows="40" cols="10">请在这里写下简要的描述。
</TEXTAREA>
...
</FORM>
```

4. INPUTtype="password"（密码文本框输入）标记

INPUTtype="password"标记用于显示单行文本框供用户输入，但是输入文本会被屏蔽字符取代。该标记的主要作用是让用户输入登录、支付密码等信息。该标记也可以使用 value 属性来设置文本框的初始值，使用 maxlength 属性来设置文本框允许输入文字的长度。

案例 1.32 在表单里创建一个名称为 loginname 的文本框，同时创建一个名称为 password 的密码文本框。全部将文字最大长度设为 20 个字符。示例代码如下：

```
<FORM action="http://localhost/calculateSalary" method="post">
...
姓名:<INPUT type="text" name="loginname" maxlength="20" value=""/> 
密码:<INPUT type="text" name="password" maxlength="20" value=""/>
...
</FORM>
```

5. INPUT type="hidden"（隐藏内容输入）标记

INPUT type="hidden"标记表示表单内的一个隐藏输入区域。该标记在表单内完全不可见，主要用途是保存需要跨页面提交的数据，例如，网站登录用户的名称、用户对网站的一些特殊设置信息等。

案例 1.33 在表单里创建一个名称为 loginname 的隐藏域，并给这个隐藏域设置取值为 "myuser"。示例代码如下：

```
<FORM action="http://localhost/calculateSalary" method="post">
```

```
...
<INPUT type="hidden" name="loginname" value="myuser"/>
...
</FORM>
```

6. INPUT type="checkbox"（复选框输入）标记

INPUT type="checkbox"标记用于显示一个矩形小方框，用户可以勾选该方框或者取消勾选。可以使用该标记来表示一些是/不是、允许/禁止的选项参数。复选框勾选或取消勾选是通过属性 checked 的值来区别的，checked 属性为 on，表示该选项勾选，如果 checked 属性为空，表示被取消勾选。为了方便用户查看，会在复选框内部添加用户提示文本。

案例 1.34　在表单里创建一个名称为 needovertime 的复选框，初始时勾选，并且给用户显示提示信息为"计算加班工资"。示例代码如下：

```
<FORM action="http://localhost/calculateSalary" method="post">
...
    <INPUT type="checkbox" name="needovertime" checked="on">计算加班工资</INPUT>
...
</FORM>
```

7. INPUT type="radio"（单选按钮输入）标记

INPUT type="radio"标记用于显示空心圆形按钮，用户选择圆形按钮表示被选中。该标记一般成组出现，使用相同的控件名称，组中每个控件表示多个选择项中的一项。这样，通过这组单选按钮，提供给用户多个选择项让其选择其中一项。

每个单选按钮的具体值由 value 属性指定，两个同名单选按钮的值不能相同。当表单被提交到服务器上时，这组单选按钮中被选中的那一个的值作为该参数的值传递过去。

是否被选中通过 checked 属性的值来区别，checked 属性为 on，表示该选项勾选，如果 checked 属性为空，表示取消勾选。一组同名单选按钮中，只能有一个被勾选。

为了方便用户查看，一般会在每个单选按钮后添加用户提示文本。

案例 1.35　在表单里创建一组名称为 career 的复选框，初始时勾选 value=0 的单选按钮，示例代码如下：

```
<FORM action="http://localhost/calculateSalary" method="post">
...
    <INPUT type="radio" name="needovertime" checked="on" value="0">助教</INPUT>
<INPUT type="radio" name="needovertime"  value="1">讲师</INPUT>
<INPUT type="radio" name="needovertime"  value="2">副教授</INPUT>
<INPUT type="radio" name="needovertime"  value="3">教授</INPUT>
...
</FORM>
```

表单中的单选框制作

8. SELECT（下拉框）标记、OPTION（下拉框选项）标记

SELECT 标记表示表单内的一个下拉框控件，该下拉框内有多个可选项，用户可以点击下拉框的右侧按钮，在弹出的选项表中选择需要的项目。下拉框的每个可选项是由 OPTION 标记来表示的。

SELECT 标记没有 value 属性，它在表单提交时的取值是由该下拉框内被选取的 OPTION 标记决定的。下拉框控件在表单提交时可以有单个值或者多个值。

SELECT 标记里有两个比较重要的属性。

- size：下拉框的行高。这是一个整数值，表示下拉框所能显示的文本行数。
- multiple：是否允许复选。如果该属性存在，则下拉框内可以选取多个选项，否则只能选取单个选项。

OPTION 标记只能在 SELECT 标记内出现，表示下拉框中的一个选项。它有以下重要属性。

- selected：是否被选中。如果该属性存在，OPTION 标记所代表的选项将被选取。
- value：选项的取值。该属性决定这个选项发送到服务器端时的参数取值。

OPTION 标记显示给用户的文本信息由其标记内部的文本决定。

案例 1.36 一个单选下拉框的示例。要求：有三个选项，且第二项被选中，代码如下：

```
<FORM action="http://localhost/calculateSalary" method="post">
...
    <SELECT name="querytype">
    <OPTION value="0">周统计</OPTION>
    <OPTION value="1" selected>月统计</OPTION>
    <OPTION value="2">年统计</OPTION>
</SELECT>
...
</FORM>
```

下面是一个多选下拉框，行高为 4，有五个选项，且第二项、第三项被选中：

```
<FORM action="http://localhost/calculateSalary" method="post">
...
```

```
    <SELECT name="querytype" multiple size="4">
    <OPTION value="0">课时费</OPTION>
    <OPTION value="1" selected>岗位津贴</OPTION>
    <OPTION value="2" selected>职称津贴</OPTION>
    <OPTION value="3">年资工资</OPTION>
    <OPTION value="4">加班费</OPTION>
</SELECT>
...
</FORM>
```

表单中的复选框制作

9. INPUT type="file"（上传文件输入控件）标记

INPUT type="file"标记表示一个上传文件控件。该标记在表单里显示为一个文本框及紧随其后的一个按钮。当用户点击按钮时，会弹出一个选择上传文件的对话框，让用户选择本地文件。选中的本地文件路径会填写到文本框里。

由于上传文件时一般需要提交大数据量的二进制数据或者包含非 ASCII 字符集的文本数据，所以有上传文件控件存在的表单，其传输数据的方式比较特殊，必须设置表单的数据传输方式属性 enctype，否则，表单无法提交文件上传的数据。表单默认的数据传输方式为 application/x-www-form-urlencoded，上传文件的表单需要将该数据传输方式属性设置为 "multipart/form-data"。

案例 1.37　一个有上传文件控件的示例。该控件名称为 sendfile，代码如下：

```
<FORM action="http://localhost/calculateSalary" enctype="multipart/form-data"
method="post">
<P>
您的姓名：<INPUT type="text" name="username">
请选择需要上载的照片<INPUT type="file" name="sendfile">
</P>
</FORM>
```

10. INPUT type="button"（通用按钮）标记，INPUT type="reset"（重设按钮）标记，INPUT type="submit"（提交按钮）标记

这三个标记实际上都是给表单添加按钮控件。

<INPUT type="button">标记是通用按钮，通用按钮一般放置一些用户脚本，用来处理客户端界面上的变化。在表单提交数据时，它们不起作用。

<INPUT type="reset">标记是一个特殊的按钮。它的作用是把表单内所有用户的输入全部清除掉。

当用户点击这个提交按钮时，表单内所有有效的输入文本全部被清空，复选框和单选按钮的取值回到初始状态。

<INPUT type="submit">标记是一个特殊的提交按钮。用户点击该按钮时，将会把表单的数据提交到服务器上。表单中至少存在一个提交按钮，才能够通过用户点击提交数据到服务器上。

当用户点击这个提交按钮时，表单内所有有效的输入数据才会被提交。所指的有效数据是指：

- 在有名称的文本控件（<INPUT type="text">）中输入的非空文本。
- 在有名称的密码控件（<INPUT type="password">）中输入的非空文本。
- 有名称且被勾选的复选框控件（<INPUT type="checkbox">）。
- 有名称且被勾选的单选按钮（<INPUT type="radio">）。
- 有名称且 value 属性已填写的隐藏值控件（<INPUT type="hidden">）。
- 有名称的下拉框控件（<select>）。
- 有名称的多行文本区域（<textarea>）内的非空文本。

案例 1.38 一个有多种控件且有一个提交按钮的表单示例。代码如下：

```
<FORM action="http://localhost/dosomething" method="get">
<div>
姓名:<INPUT type="text" name="loginname" maxlength="20" value=""/> 
密码:<INPUT type="text" name="password" maxlength="20" value=""/>
</div>
<div>
<select name="class">
    <option value="1">一班</option>
    <option value="2">二班</option>
    <option value="3">三班</option>
</select>
</div>
<div>
<input type="checkbox">计算加班工资</input>
</div>

<div>
<INPUT type="radio" name="needovertime" checked="on" value="0">助教</INPUT>
<INPUT type="radio" name="needovertime" value="1">讲师</INPUT>
```

```
<INPUT type="radio" name="needovertime" value="2">副教授</INPUT>
<INPUT type="radio" name="needovertime" value="3">教授</INPUT>
</div>
<div>
<input name="calculate" type="button" value="计算"/>
 
<input name="reset" type="reset" value="重置"/>
 
<input name="submit" type="submit" value="提交"/>
</div>
</FORM>
```

一个有多种控件且有一个提交按钮的表单示例的程序运行效果如图 1.31 所示。

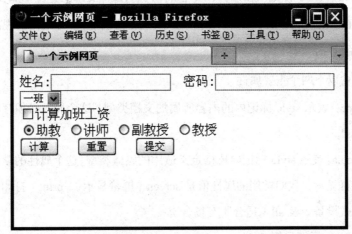

图 1.31　一个有多种控件且有一个提交按钮的表单示例的程序运行效果图

1.3.5　辅助标记

1. title（标题）标记

title 标记在 HTML 文件头部分出现，表示 HTML 文档的标题。它不会出现在屏幕的显示区域，一般会出现在浏览器的标题栏。

案例 1.39　标题标记示例。该 HTML 文档的标题是"计算工资页面"，代码如下：

```
<head>
<title>计算工资页面</title>
</head>
```

2. link（外部链接文件）标记

link 标记在 HTML 文件头部分出现，表示页面请求的外部链接。当 HTML 页面需要引用文件外的资源时，需要使用该标记。

通常，我们在 HTML 页面中需要引入的外部资源文件是 CSS 文件，即层叠样式表布局格式定义文件。link 为 HTML 文档内各种标记提供显示格式。

案例 1.40 外部链接标记示例。link 标记引入一个全局 css 定义文件，代码如下：

```
<head>
<link href ="localhost/global.css" rel="stylesheet" type="text/css"/>
</head>
```

3. style（显示风格）标记

一般来说，现在 HTML 文件中的标记显示风格均由前面提过的 CSS 文件即层叠样式表文件统一定义，但是网页编写者有时需要在本地定义相应标记的显示风格，就必须使用 style 标记。

style 标记只能在 head 标记内使用，但是它的出现次数不受限制。多个 style 标记内的显示风格表示被混合在一起应用于文档上。同时，在 HTML 文档 style 标记内出现的风格定义优先级大于外部引用的 CSS 文件。

style 标记包含以下两个重要属性。

- type：表示 style 标记内的内容所属的文档类型。这个属性必须存在，一般固定为 "text/css"。

- media：表示 style 标记内风格定义适用的媒体类型。这个属性的默认值为"screen"，用于屏幕显示。我们常用的属性值是 screen（屏幕显示）、print（打印机）、handleheld（手持式设备）及 all（适合所有场合）。

案例 1.41 Style 标记示例。

对整个文档定义应用黑色背景，并统一使用 12 像素大小字体且加粗的风格，代码如下：

```
<head>
<style type="text/css">
body{
    background:#000000;
    font-size:12px;
    font-weight:bold;
}
</style>
</head>
```

4. script（脚本）标记

script 标记可以在 HTML 文件头和文件体内出现多次，通过其 src 属性值的设置，可对当前 HTML 文档引入指定的客户端脚本。

在 HTML 文档中，为了给浏览器界面增加动画表现、增强客户端的交互性、增加客户端的可编程性，以及达到类似于本地客户端程序的运行效果，可以使用客户端脚本。script 标记的作用就是定义或引入这些客户端脚本。

script 标记可以直接在 HTML 文档内定义脚本代码段，也可以引入外部的 JS 文件。可引入的脚本语言有多种，如 VBScript 或 JavaScript 等，但是浏览器都支持的脚本语言是 JavaScript。

案例 1.42　在 HTML 文件内定义本地脚本代码段，这段代码在 HTML 文档载入时将弹出一个消息框显示消息"您好，欢迎使用脚本语言。"示例代码如下：

```
<body>
<script type="text/javascript">
alert("您好，欢迎使用脚本语言。");
</script>
</body>
```

下面是一个引入外部 JS 文件的例子。这几行代码将引入著名的 JS 脚本引擎 jQuery：

```
<head>
<script type="text/javascript" src="localhost/script/
jquery-1.4.2.min.js"></script>
</head>
```

1.4　HTML 文档显示风格简述

1.4.1　层叠样式表风格

【追根溯源】

HTML 文档的一个重要用途是，能够在互联网浏览文字和显示图片时提供便利。

1.4.2　老式的显示风格方案

最初的 HTML 文档为了改变某部分文字或图片的颜色、字体、大小，采用的是标记与不同属性混合的方式。例如，为了显示某一部分内容为红色、楷体、超大字体，可以使用 FONT 标记及其三个不同的属性(color,face,size)进行说明：

```
<FONT color="red" face="楷体" size="+3">要强调的内容。</FONT>
```

想要对某段内容进行加粗以及添加下划线，则可以使用 B 和 U 的组合。

```
<B><U>我们需要强调的内容</U></B>
```

从上面的内容可以看出，这种方式的缺点主要包含以下几点。

（1）内容与表现没有分离开。文档本身的内容和文档本身显示方式的变化混合在一起。当用户只想稍微改变显示方式（如调换字体、改变颜色）时，必须修改文档本身。

（2）标记和属性的数量恶性增加。由于显示方式的多样性，指示各种显示方式的标记和属性将恶性增加，达到使页面编写者难以承受的地步。

（3）应用范围狭窄、无法通用。标记和属性只能对某一段内容进行特别指定，如果文档中有多处内容需要同时加粗并以红色显示，则必须每一处同时添加相同的标记和属性。

（4）显示效果复杂、烦琐。若想使一段文字加粗并添加下划线，则需要嵌套两个标记，若想组合颜色、字体等再变化，则需要嵌套更多的标记。

下面介绍新的 HTML 文档显示方式。

1.4.3　层叠样式表的应用

层叠样式表（cascade style sheet，CSS），从字面意义来看，就是指可以混合叠放在一起的显示风格的列表。有些文献也译为级联样式表，但都说明这样一个事实：在这种方案中，显示方式被集中放在一起成为列表，并且可以按照等级方式进行混合，进而影响 HTML 中某一部分或某一类内容的显示。因此，CSS 是指按照等级排列方式来指定显示方式的方案及相应的规范。满足这种规范的文件称为 CSS 文件，扩展名为.css。

1. 基本原理

HTML 文件中的每个文档内容标记（body 标记内可使用的文本标记，包括 body 本身）均有 id、class 与 style 三个重要属性。

（1）id 是一个合法的字符串，代表该标记的名称。标记可以没有名称，若有名称，就可以方便检索到。

（2）class 是一个表示标记所属显示类别的字符串。同样，标记可以选择有类别名或者没有类别名。该显示类别名称主要就用于按 CSS 样式进行显示。

（3）style 是一个关键属性，是 HTML 内可以应用的显示方式的集合。前述需要使用 FONT、B、I、U 等标记与 color、face、size 等属性来指定的显示方式，现在全部可以使用 style 属性中对应的风格子句来说明。而这些风格子句在 CSS 规范中已严格明确的定义。

（4）每个标记的显示可以由外部 CSS 文件定义。

有了以上基础，CSS 规范即可对 HTML 的文本和图片内容进行自由多变的显示，而不用改变 HTML 文档本身或者改动很少。

2. 嵌入式说明

嵌入式说明是指将 CSS 规范风格定义直接写在标记的 style 属性里，也称行内定义。这种方式虽然简便，但由于写在 HTML 文档里，所以只用在不需要多次改动或文档本身极简单的场合。

我们可以将红色、楷体、大号字的显示改写如下（注意 FONT 标记已经过时，所以我们使用 SPAN 标记）：

```
<SPAN style="color:red;font-family:黑体;font-size:18px">要强调的内容。</SPAN>
```

在浏览器中，CSS 嵌入式说明的页面显示效果如图 1.32 所示。

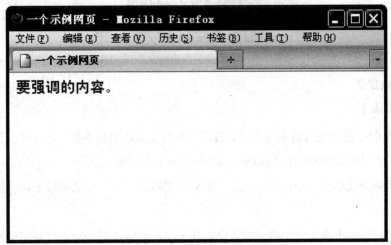

图 1.32　CSS 嵌入式说明的页面效果图（一）

注意，现在的显示方式已由三个风格子句来说明，每个风格子句之间由 ";" 分隔。

我们将前面加粗、下划线的例子加上斜体风格，可以改写如下：

```
<SPAN style="text-decoration:underline;font-weight:bold;font-style:italic">要强调的内容。</SPAN>
```

在浏览器中，CSS 嵌入式说明的页面显示效果如图 1.33 所示。

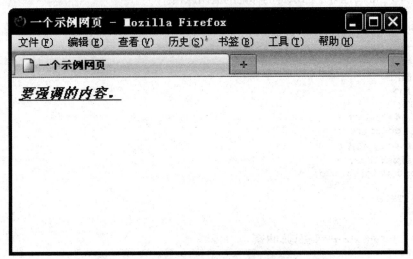

图 1.33　CSS 嵌入式说明的页面效果图（二）

CSS：从老式显示风格到内嵌 CSS 语句

3．文档内定义

【追根溯源】

当嵌入式 CSS 语句编写越来越多时，肯定会觉得极为烦琐和不便。这时可以使用文档头内的风格定义。就是前面提到的在 head 标记的 style 标记内部编写。

每一节风格定义都由一个标识串引起，然后以成对的"{}"包括风格子句，每个风格子句以";"结束。

标识串可以是一个极为复杂的、需要解析几个层次的字符串，也可以是简单的标记名称、类别或标记类型的直接对应，在 HTML 文档中，符合该标识串的全部标记将会以该显示方式显示。下面简单介绍几种标识串。

1）按标记标识串

按标记标识串的形式为"#"+标识符。当前页面标记的 id 属性等于标识符的标记将应用这种形式的标识串。

案例 1.43 id 属性等于标识符的标记的应用风格。

代码如下：

```
<HEAD>
<title>
一个示例网页
</title>
    <STYLE>
        #showbig {
        color:red;
font-family:楷体;
font-size:18px;
    font-weight:bold;
}
    </STYLE>
</HEAD>
<BODY>
<SPAN id="showbig">要强调的内容。</SPAN>
</BODY>
```

在浏览器中，id 属性等于标识符的标记应用风格的页面显示效果如图 1.34 所示。

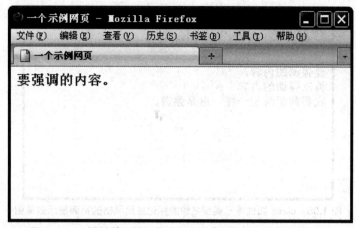

图 1.34　id 属性等于标识符的标记应用风格的页面显示效果图

2）按类别标识串

这种形式为 "." +类别名称。所有 class 属性等于类别名称的标记都可以应用这种形式的标识串。

案例 1.44　class 属性等于类别名称的标记的应用风格。

代码如下：

```
<HEAD>
<title>

一个示例网页

</title>
    <STYLE>
        .showbig {
        color:red;
font-family:楷体;
font-size:18px;
    font-weight:bold;
}
    </STYLE>
</HEAD>
<BODY>
<div class="showbig">要强调的内容。</div>
<div class="showbig">再次强调的内容</div>
<div class="showbig">我和前面两位一样，也是强调。</div>
</BODY>
```

在浏览器中，class 属性等于类别名称的标记应用风格的页面显示效果如图 1.35 所示。

3）按标记类型标识串

按标记类型标识串的形式为标记名称。所有被标记名称指定的标记都可以全部应用这种形式的标识串。例如，我们将所有 DIV 标记内的文字加粗并斜体显示。

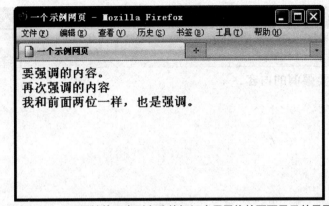

图 1.35   class 属性等于类别名称的标记应用风格的页面显示效果图

案例 1.45   DIV 等标记名的应用风格。

代码如下：

```
<HEAD>
<title>

一个示例网页

</title>
<STYLE>
    div {
    font-weight:bold;
font-style:italic;
}
    </STYLE>
</HEAD>
<BODY>
<DIV>这是第一个 DIV 的内容。</DIV>
<DIV>第二个 DIV 的内容虽不同，但是文字显示风格一样。</DIV>
<DIV>我和前面两位一样，也是加粗并斜体呢。</DIV>
</BODY>
```

在浏览器中，DIV 等标记名应用风格的页面显示效果如图 1.36 所示。

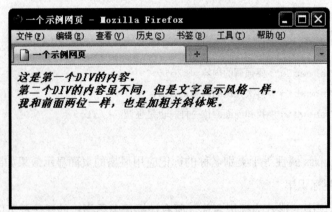

图 1.36   DIV 等标记名应用风格的页面显示效果

　　值得注意的是，标识串允许层次结构，也就是说，可以按照 HTML 中标记的层次结构来指定某一层的某种特定标记而改变显示方式。例如，可以指定只在 id 为"onlyme"标记内的 span 才可以显示加粗、斜体。

　　案例 1.46　层次结构中的特定标记应用风格。

代码如下：

```
<HEAD>
<title>

一个示例网页

</title>
<STYLE>
    #onlyme span {
    font-weight:bold;
font-style:italic;
}
    </STYLE>
</HEAD>
<BODY>
<DIV id="onlyme">这是我需要的<SPAN>加粗斜体内容。</SPAN></DIV>
<DIV>我们来看看，<SPAN>我也是 SPAN 标记，但为什么不能有加粗斜体呢？</SPAN></DIV>
</BODY>
```

　　在浏览器中，层次结构中的特定标记应用风格的页面显示效果如图 1.37 所示。

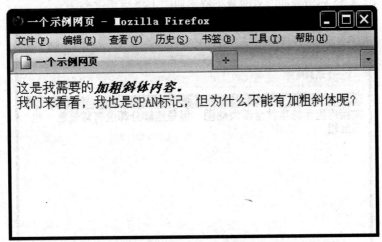

图 1.37　层次结构中的特定标记应用风格的页面显示效果图

　　文档内定义强大之处在于，这种结构的嵌套层次没有限制，同时嵌套的每一级层次可以是标记的名称、显示类别或者标记类型，甚至一些特殊的通配符，它们可以任意组合，可以让网页编写者随心所欲地指定文档中任意内容的显示方式。

　　最后我们再简述 CSS 风格的叠加。当一个标记满足多个 CSS 规范风格的条件时，即被上述标识串匹配成功，那么这多个规范风格会同时叠加运用到该标记上。这样，风格就可以被完整地继承下来。

案例 1.47 CSS 风格的叠加。

例如，HTML 全文想使用黑体字，但是在某个 DIV 上还想应用加粗，背景色使用灰色，那么可以创建 CSS 规范风格如下：

```
<HEAD>
<title>

一个示例网页

</title>
    <STYLE>
    body {
    font-family:"黑体";
}
div#onlyme{
font-weight:bold;
background:gray;
}
    </STYLE>
</HEAD>
<BODY>
<DIV id="onlyme">这是我需要的<SPAN>加粗斜体内容，背景是灰色。</SPAN></DIV>
<DIV>文档内显示的字体全部为幼圆，但是这部分却没有背景色，也不加粗</DIV>
</BODY>
```

在浏览器中，CSS 风格叠加的页面显示效果如图 1.38 所示。

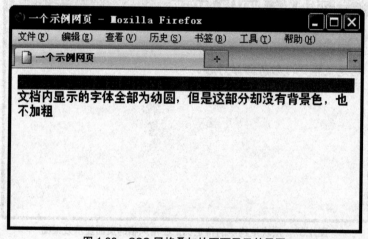

图 1.38 CSS 风格叠加的页面显示效果图

从上述内容可以看出，CSS 的风格定义功能非常强大，灵活多变，可以针对文档中的某一个元素进行改变，也可以针对一组元素进行改变，甚至可以按照元素在文档中的层次来进行相应的改变。

CSS：从内嵌 CSS 到文档头内定义 CSS

1.4.4　外部文件定义

前面已将所有的风格定义写到了文档的 head 定义部分，那么更进一步，我们可以把所有的风格定义移到外部文件里。

【追根溯源】

这样做的好处：首先，便于编辑，所有的风格定义完全与文件内容分离，当要改变风格显示的时候，只需要更改相应 CSS 文件中的风格定义。其次，便于多种风格并存。由于外部文件的引用在主文档中只是一个 link 标记的引用，所以只需要改变该标记引用的位置。也就是说，引用不同的 CSS 文件，就可整体变换文档的显示风格。这对于满足不同偏好用户的需求是极有好处的。

最后需要说明的是，嵌入式定义、文档内定义和外部文件定义的 CSS 风格定义并不互斥，而是叠加。也就是说，HTML 文档内的标记被应用的显示风格来源于外部文件定义、文档头内定义及嵌入式定义三者的集合。当某个定义子句出现冲突时（同一个风格项在三个位置内被定义了不同的值），CSS 规范的优先级顺序为嵌入式定义>文档头内定义>外部文件定义。

从文档头内定义到外部 CSS 文件定义

1.5　综合项目：大学生消费水平调查问卷网页设计

要求至少包含 3 道问卷题型，问卷题型包括填空题、单选题、多选题等。问卷题目自拟。

1.5.1 "题型"的设计

可设计一个 HTML 页面，使用 form 标记完成可交互式输入的问卷。

使用 input 标记，设置 input 标记的 type 属性为 text，完成填空题的设计。

使用 input 标记，设置 input 标记的 type 属性为 radio，完成单选题的设计。

使用 input 标记，设置 input 标记的 type 属性为 checkbox，完成多选题的设计。

使用 SELECT（下拉框）标记、OPTION（下拉框选项）标记完成下拉框形式的单选/多选题的设计。

1.5.2 页面布局的设计

为了使得各道题目能有序地排列，可使用 TABLE 标记或者 UL 标记来组织各类题目。

1.5.3 设计带有样式风格的问卷

可采用嵌入式 CSS 语句、文档头内 CSS 语句、CSS 外部文件等方式将风格应用到文档内容。

1.5.4 源码清单（略）

【科技载道】

互联网改变世界，未来世界的持续改变依然需要不断创新。

HTML 的产生，是 20 世纪末人类使用互联网的开始。新的语言的产生以及其迅速得以流行，一定是适应人类新的需求发展的产物。探索需求，每一个大学生应不断去锻炼、培养其敏锐嗅觉。积极创新，则是每个大学生在社会发展洪流中肩负的个人使命。

习题一

1.简述 HTML 的常用五大类标记，并举例说明每类标记 2~3 个作用。

2.什么叫做层叠样式表？简述其作用，并编写相关页面来说明层叠样式表的作用。

第 2 章　JSP 基础

2.1　JSP 概述与 JSP 页面元素

2.1.1　JSP 页面简介

【追根溯源】

使用 HTML 可以创建静态内容，无论何时访问使用 HTML 技术开发的网站站点，获得的网页内容都是一样的（同样的动画、图片、背景音乐、文字等）。如果希望网页中的内容发生动态变化，例如，根据每个用户的需求来显示不同的内容，就需要使用动态网页编程技术，JSP 就是这类技术中之一。

JSP 是 Java EE 平台动态网页服务的重要基础技术。JSP 的全称是 Java Server Pages（Java 服务器页面）。JSP 将 HTML 标签与 Java 语言结合后，具备 Java 程序设计语言的全部优点。JSP 文件一般以.jsp 为扩展名，由 Web 服务器（如 Tomcat）负责解析后转换成 HTML 文本发送给客户端。

JSP 页面是如何向客户端提供 Web 信息服务的呢？JSP 页面必须在容器中进行，这个容器称为 JSP 容器（JSP container）。JSP 容器与第 3 章将提到的 Web 容器实际上是一个东西。著名的 Tomcat 就是一个 Web 容器。Java EE 服务器通过 JSP 容器将每个 JSP 页面进行处理后得到最终的内容，再提供给最终用户。JSP 容器对 JSP 页面执行两个阶段的操作，它们分别是解译阶段（translation phase）和执行阶段（execution phase）。

1. 解译阶段

JSP 容器用于验证 JSP 页面的语法是否合法，并且将页面中的动态元素（element，即动态的页面指令、标签行为和 Java 代码段，改写为执行相应的指令或者调用某种行为的代码，同时将静态内容模板（template，即静态的文本内容）转化为相应的输出文本代码，最终生成一个对应的 JSP 页面实现类。一般来说，这个类实际上是一个 Servlet（在第 3 章将会详细说明 Servlet）。解译阶段有可能在 Web 用户访问之前进行，也有可能在用户首次访问该 JSP 页面时进行，这与具体的 Java EE 服务器实现有关。如 Tomcat 是在访问之前进行。

【科技载道】

个人要发挥作用，必须遵守统一的规则。

JSP 网页和 Tomcat 的关系就像人和工作单位的关系，Tomcat 是 JSP 程序运作规则的实现，个体要遵守运作规则，如果运作规则停摆了，个体也就不能正常发挥作用了。

下面看看,如果 tomcat 没有运行,JSP 程序还能被运行吗? Tomcat 到底对 jsp 文件做了什么?

2. 执行阶段

当用户发出对 JSP 页面的请求时,JSP 容器将会检查请求网址,并创建对应的 JSP 页面实现类的实例(创建该实例时,JSP 容器还会实例化相应的 Request 对象和 Response 对象)。当 JSP 页面实现类处理完毕后,JSP 容器将结果通过 Response 对象发送给用户,发送的结果是已经生成好的文本或二进制内容,一般是 HTML 页面。

图 2.1 是 JSP 页面执行的原理图。

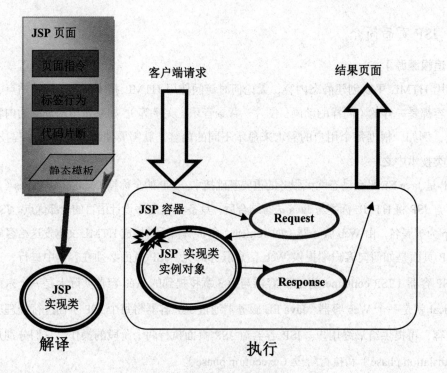

图 2.1 JSP 页面执行的原理图

从图 2.1 中可以看到,JSP 页面由页面指令、标签行为、代码片段和静态模板四部分组成。下面以一个示例来说明 JSP 页面源码的组成结构。

案例 2.1 要求编写一个 JSP 页面,使得页面运行时能显示当前时刻,如图 2.2 所示。

图 2.2 显示当前时刻的页面执行结果图

案例 2.1 的分析如下。

（1）如何实现"页面显示的时刻是当前时刻"。

前面提到，同一个网页运行时，动态网页的内容应能动态变化，这是与纯 HTMl 页面运行时不同的地方。也就是说，上述页面，如果按照纯 HTML 来编码，HTML 源码如下：

```
<!DOCTYPE html PUBLIC "-//W3C//DTD HTML 4.01 Transitional//EN"
"http://www.w3.org/TR/html4/loose.dtd">
<html>
<head>
<meta http-equiv="Content-Type" content="text/html; charset=UTF-8">
<title>Insert title here</title>
</head>
<body>
现在时刻：17：26：30
</body>
</html>
```

但每次运行该页面，得到的页面运行结果永远如图 2.2 所示。而此题要求能够显示当前时刻，显然当前时刻每分每秒是发生变化的，那么就需要引入动态页面编程的思想来解决。

Java SE 提供的系统类库中，Calendar 和 Date 的相关方法能够得到此题要求的当前小时数、当前分钟数和当前秒数。

（2）如何将"不会变化的"文字等信息与"会发生变化的"时刻信息结合在一起？

静态网页通过 HTML 编码即可实现，"不会变化的"的部分自然使用 HTML"认可"的方式编写即可。

设该页面的名称为 test.jsp，综上所述，参考源码如下：

```
<%@page import="java.util.Calendar"%>
<%@page import="java.util.Date"%>
<%@page language="java" contentType="text/html; charset=UTF-8"
    pageEncoding="UTF-8"%>
<!DOCTYPE html PUBLIC "-//W3C//DTD HTML 4.01 Transitional//EN"
"http://www.w3.org/TR/html4/loose.dtd">
<html>
<head>
<meta http-equiv="Content-Type" content="text/html; charset=UTF-8">
<title>Insert title here</title>
</head>
<body>
<%
Date date = Calendar.getInstance().getTime();
%>
现在时刻：<%=date.getHours()%>：<%=date.getMinutes()%>：<%=date.getSeconds()%>
</body>
</html>
```

该 JSP 页面通过 Tomcat 运行，将可以显示出当前时间。

【聚沙成塔】

为什么客户端浏览器看不到 JSP 源文件代码呢？

Tomcat 负责将 JSP 文件解析后转换成 html 发送给客户端，所以我们通过客户端的任何一个浏览器去查看这些网页源代码的时候，将看不到原来的 jsp 的源代码，而是看到转换后的 html 文本代码。

从以上源码中可以看到，阴影部分代码即为 HTML 代码，也就是组成一个 JSP 页面中的静态模板元素。

通过一对"<%""%>"圈起来的部分是符合 Java 语法的 Java 代码，也就是组成一个 JSP 页面中的代码片段元素。通过一对"<%=""%>"圈起来的部分是符合 Java 语法的变量名、表达式、能否返回结果值的方法调用语句等，称为表达式代码片段。

通过一对"<%@"">"圈起来的部分是组成一个 JSP 页面中的页面指令元素，如案例 2.1 中的：

```
<%@page import="java.util.Calendar"%>
<%@page import="java.util.Date"%>
<%@page language="java" contentType="text/html;charset=UTF-8"
    pageEncoding="UTF-8"%>
```

通过案例 2.1 的分析，能够看到 JSP 页面实现动态网页的效果，以及 JSP 页面源码的组成结构。下面将详细叙述这几个组成部分，此段代码中没有出现标签行为，后续章节中将一一介绍。

认识 JSP：初识动态网页技术

认识 JSP：Java Server Pages

2.1.2　JSP 页面指令

前面提到 JSP 页面内有两种内容：一种称为元素（element），实际上是需要执行的代码，包括创建的 Java 类引用等执行代码；另一种是静态模板（template），是静止的可以直接输出的文本内容。JSP 页面的元素分为三类：页面指令（directives）、标签行为（actions）、代码片断（scripting elements）。

　　页面指令是独立于每个请求的，是对整个页面有全局性影响的信息。它们为 JSP 页面解译阶段提供必要的指令和限定。它们在 JSP 页面中的语法是<%@ 页面指令...%>，斜体部分应该被具体的指令所代替。下面说明 JSP 内常见的页面指令。

1. Page 页面属性指令

page 指令的一般形式如下：

```
<%@page 属性 1="属性值"　属性 2="属性值"...%>
```

　　JSP 页面中可以使用一个 page 指令指定多个属性及属性值，也可以使用多个 page 指令分开制定属性及属性值。

　　JSP 页面包含以下一些重要的常见属性，如 pageEncoding、contentType、import、session、isELIgnored 等。下面详细叙述这些属性及属性值。

　　（1）pageEncoding 与 contentType

　　pageEncoding 与 contentType 这两个属性一般应放在 JSP 页面的首行，用于说明本页面文件使用的字符编码，这对服务器正确读取文件内容很重要，一般使用 utf-8 即 unicode 字符集，在中文环境中，也可使用 GB2312 或者 GBK 中文字符集。

　　contentType 用来说明本文件的内容内型和响应用户使用的字符集编码。contentType 取值的形式为"类型;charset=编码名称"，其中"类型"是 IANA 通用的媒体文件类型中的一种（具体类型列表可参考网址 http://www.iana.org/assignments/media-types/index.html），"编码名称"则与 pageEncoding 的取值范围相同。请注意响应用户使用的字符集编码和页面文件使用的字符集编码可能不一致。pageEncoding 与 contentType 属性必须出现在 JSP 页面中最前面的位置，不能出现在其他指令之后，这是为了页面编码检测的需要。下列 JSP 前两行代码说明该 JSP 文件编码格式为 GB2312，终端用户最终查看所使用的编码为 utf-8，而文件内容为文本 HTML 文件。注意这两行必须出现在整个 JSP 页面的最前面，例如：

```
<%@ page pageEncoding="GB2312" %>
<%@ page contentType="text/html;charset=utf-8" %>
```

　　（2）import

　　Import 属性用来引入外部 Java 程序包。当 JSP 页面内部的代码片段需要引用外部程序包时，必须使用该语句说明需要引用的包。每条 import 语句里出现的多个程序包名称之间用","分隔，并且最后总使用";"结束。import 属性语句可以出现多次，每条 import 语句将进行叠加，也就是说，每条 import 语句说明的包都将被页面引入。以下两行指令使 JSP 页面引入多个 Java 程序包。

```
<%@page import = "java.util.List,java.util.Calendar;" %>
<%@page import = "util.CommonMethods;" %>
```

　　（3）session

session 属性表示 JSP 页面的会话编程性，当该属性设置为 true 时，JSP 页面在执行时将隐式创建一个代表当前 http 会话环境的编程对象 session，该页面内的代码可以直接引用该对象来访问各种会话内的变量值。如果为 false，则不会创建该对象。当没有该属性说明时，系统默认为 true，也就是 JSP 页面被访问时总会创建 session 变量。该属性设置的例子如下。

```
<%@page session = "true" %>
```

（4）isELIgnored

isELIgnored 属性表示 JSP 页面内是否允许 EL 变量获取语法。EL 变量获取语法将在后面介绍。当该属性设置为 true 时，EL 变量获取语法不能使用，直观来说就是类似于 "${对象名.属性名}" 的形式在 JSP 页面内不能用来获取变量结果的字符串表示。该属性设置的例子如下。

```
<%@ page isELIgnored = "true" %>
```

案例 2.2　page 指令的 session 属性和 isELIgnored 属性的源码如下。

```
<%@ page language="java" contentType="text/html;charset=UTF-8"
    pageEncoding="UTF-8" isELIgnored="false" session="true"%>
<!DOCTYPE html PUBLIC "-//W3C//DTD HTML 4.01 Transitional//EN"
"http://www.w3.org/TR/html4/loose.dtd">
<html>
<head>
</head>
<body>
<%
session.setAttribute("name","张三");
session.setAttribute("pass","778899");
%>
${name}
</body>
</html>
```

页面将输出"张三"。

请自行分析页面的输出结果。

2．标签库指令

taglib 指令的一般形式如下：

```
<%@ taglib prefix = "标签前缀" uri = "标签库的 URI" %>
```

taglib 指令用于说明 JSP 页面需额外引入的标签行为库。具体的标签行为将在后面介绍。目前，为了引入标签库，需要页面使用 taglib 指令，如下例所示：

```
<%@ taglib prefix="s" uri = "/struts-tags" %>"
```

taglib 页面指令有两个重要属性，uri 表示引入标签库的位置，一般是指可以获取 tld 文件的网络地址。每个自定义标签库都会有文档说明自己的 tld 文件网络地址。另一个属性是 prefix，表示该引入标签库在页面中应该使用什么样的前缀。当标签库里包含的标签出现在页面中时，应该使用"<标签库前缀:标签名称>"的形式。上面例子中的页面指令表示将引入 struts 2 标签库，并且该标签库的标签前缀将以 s 头。

3. Include 引用外部页面指令

include 指令的一般形式如下：

```
<%@ include file = "待引入页面的 URL" %>
```

include 指令用来将外部文件的内容引用至本页面显示。该外部文件可以是静态的文本文件，如 html，也可以是经过处理的页面，如另一个 JSP 页面。该指令的 file 属性值是外部文件的来源网址。这个指令可以用来作为简单的页面显示模板机制。下面的例子将在当前 JSP 页面内显示 regigster.jsp 的内容。

```
<%@ include file = "register.jsp" %>
```

JSP 页面元素

2.1.3　JSP 标签行为

标签行为是 JSP 页面元素的一种，表示 JSP 页面内一些特殊的成对的标签，这些标签表示可以被执行的 Java 代码。JSP 容器在解译 JSP 页面阶段遇到标签，便会执行该标签对应的 Java 代码。标签行为一般用来改变当前输出流的内容，或者创建、修改、使用页面内的 Java 代码对象，以正确输出最终的页面结果。

标签行为是 Java EE 平台的一个重要组成部分，而且，由于标签可以自行定义，所以在纷繁复杂的 Java EE 网络开发框架中,各种不同的标签体系层出不穷。通常每接触一个新的 Java EE 应用框架，就必须对该应用框架的标签体系进行深入学习。比如我们常接触到的 Struts 应用框架，就有自己的一套 s 标签（按约定习惯加 s 前缀，但并不是强制的），Sprint 框架也有自己的一套标签(主要是 form)，而 Java EE 平台也有由 Sun 公司官方发布的 JSTL(Java 标准标签库)。因此，这里不准备对每个标签库进行深入探讨，只是说明 Java EE 定义的必须被规范的 JSP 容器实现的标准标签，开发者在接触具体的 Java 网络开发框架时，可以对该框架内的标签体系进行深入学习。

JSP 标签行为

JSP 页面要使用特定的标签，必须指明对相应标签库的引用。标签库引用的形式如下：

```
<%@ taglib prefix="s" uri = "/struts-tags" %>
```

这个语法已经在前面进行了说明，由于标准标签已经由各个 Java EE 服务器内部实现，我们不用添加标签库应用，它们也是唯一不用添加标签库引用就可以直接使用的标签行为。我们常使用的标准标签行为有如下几种。

（1）jsp:useBean 指示将使用 Java 对象。

执行该标签行为后，可以让后面的代码引用新创建的 Java 对象。一般会给它一个 id 名字及其对应的 Java 类。创建该 Java 对象的过程用户不必担心。例如，当执行标签行为后，后续代码可以使用名称为 mycharge 的引用变量。该引用变量对应的类是 test.Charge 类。

```
<jsp:useBean id="mycharge" class="test.Charge"></jsp:useBean>
```

JavaBean 实质是将业务逻辑封装到一个 java 类中，JSP 页面用于引入这个 java 类（JavaBean），使得页面显示与业务逻辑分离。

案例 2.3　标签指令 jsp:useBean 的应用示例，例如一个 java 类 testpack.Student，源码如下：

```
package testpack;
public class Student {
    String sname;
    public void setName(String s)
    {
        sname = s;
    }
    public String getName()
    {
        return sname;
    }
public static void main(String[] args) {
    Student s = new Student();
    s.setName("Jake");
    System.out.println(s.getName());
    }
}
```

JSP 页面中通过 jsp:useBean 标签来引用新创建的 testpack.Student 对象，源码如下：

```
<%@ page language="java" contentType="text/html;charset=UTF-8"
    pageEncoding="UTF-8"%>
```

```
<!DOCTYPE html PUBLIC "-//W3C//DTD HTML 4.01 Transitional//EN"
"http://www.w3.org/TR/html4/loose.dtd">
<%@ page import = "testpack.Student" %>
<html>
<head>
<meta http-equiv="Content-Type" content="text/html;charset=UTF-8">
<title>Insert title here</title>
</head>
<body>
    <%
    Student s = new Student();
    s.setName("Marry");
    String name =s.getName();
    %>
    <%=name %>
    <br>
    <jsp:useBean id = "s2" class = "testpack.Student"></jsp:useBean>
    <% s2.setName("Jake");%>
    代码表达式片段: <%=s2.getName() %><br>
    EL 语法: ${s2.getName()}
</body>
</html>
```

页面运行效果如图 2.3 所示。

图 2.3   jsp:useBean 的应用示例的页面执行结果图

案例 2.4   定义一个简单的用于计算两个整数之和的计算器类 Calculator, 能够在页面引用该类, 并在页面显示两个整数的相加结果, 源码如下:

```
Calculator.java:
package followme;

public class Calculator {
private int i1;
private int i2;
public Calculator(int i1,int i2){
    this.i1=i1;
    this.i2=i2;
}
public Calculator(){

}
    public int getI2() {
        return i2;
    }

    public void setI2(int i2) {
```

```java
        this.i2 = i2;
    }

    public int getI1() {
        return i1;
    }

    public void setI1(int i1) {
        this.i1 = i1;
    }

    public int getSum(){
        return i1+i2;
    }
    public static void main(String[] args) {
        Calculator cal = new Calculator(3,4);
        System.out.println(cal.getSum());
    }

}
```

test.jsp:

```jsp
<%@ page language="java" contentType="text/html;charset=utf-8"
    pageEncoding="utf-8"%>
<!DOCTYPE html PUBLIC "-//W3C//DTD HTML 4.01 Transitional//EN"
"http://www.w3.org/TR/html4/loose.dtd">
<html>
<head>
<meta http-equiv="Content-Type" content="text/html;charset=utf-8">
<title>Insert title here</title>
</head>
<body>

<jsp:useBean id = "cal" class = "followme.Calculator">
<jsp:setProperty property = "i1" name = "cal" value = "3"/>
<jsp:setProperty property = "i2" name = "cal" value = "4"/>
</jsp:useBean>
<%=cal.getSum() %>
</body>
</html>
```

以上程序的运行效果：页面将会显示 7。

标签行为：javaBean

案例 2.5 定义一个简单的教师类 FulltimeTeacher。要求页面显示 5 个教师对象的信息，这

5 个教师对象均包含在一个 ArrayList 中。代码如下：

FulltimeTeacher.java:

```java
package testpack;

import java.util.ArrayList;

public class FulltimeTeacher {
    private String name;
    private String title;
    public FulltimeTeacher(String name,String title){
    this.name = name;
    this.title = title;
    }
    public static void main(String[] args) {
        ArrayList<FulltimeTeacher> teachers =
            new ArrayList<FulltimeTeacher>();
        teachers.add(new FulltimeTeacher("张三","副教授"));
        teachers.add(new FulltimeTeacher("李四","教授"));
        teachers.add(new FulltimeTeacher("王五","副教授"));
        teachers.add(new FulltimeTeacher("赵六","教授"));
        teachers.add(new FulltimeTeacher("孙七","副教授"));
        for( int i=0;i<teachers.size();i++){
            System.out.println("第"+i+"个: "+teachers.get(i).getName()+
                " "+teachers.get(i).getTitle());
        }

    }
    public String getName() {
        return name;
    }
    public void setName(String name) {
        this.name = name;
    }
    public String getTitle() {
        return title;
    }
    public void setTitle(String title) {
        this.title = title;
    }

}
```

运行该类，将会在控制台显示运行结果：

第 0 个：张三　副教授

第 1 个：李四　教授

第 2 个：王五　副教授

第 3 个：赵六　教授

第 4 个：孙七　副教授

验证该类的功能是正确的，再编写页面 Test.jsp，希望在页面中显示 5 个教师的信息，源码如下：

```
test.jsp:
<%@ page import = "testpack.FulltimeTeacher" %>
<%@ page import = "java.util.*" %>
<%@page language="java" contentType="text/html;charset=UTF-8"
pageEncoding="UTF-8" isELIgnored="false" session="true"%>
<!DOCTYPE html PUBLIC "-//W3C//DTD HTML 4.01 Transitional//EN"
"http://www.w3.org/TR/html4/loose.dtd">
<html>
<head>
<meta http-equiv="Content-Type" content="text/html;charset=UTF-8">
<title>Insert title here</title>
</head>
<body>

<%
ArrayList<FulltimeTeacher> teachers = new ArrayList<FulltimeTeacher>();
teachers.add(new FulltimeTeacher("张三","副教授"));
teachers.add(new FulltimeTeacher("李四","教授"));
teachers.add(new FulltimeTeacher("王五","副教授"));
teachers.add(new FulltimeTeacher("赵六","教授"));
teachers.add(new FulltimeTeacher("孙七","副教授"));
%>
    <table border="2" bordercolor="#FF99CC">
    <tr>
    <th>序号</th>
    <th>姓名</th>
    <th>职称</th></tr>
    <%
    for(int i=0;i<teachers.size();i++)
    {%>
    <tr>
    <td>第<%=i+1 %>个<br></td>
    <td><%=teachers.get(i).getName() %><br></td>
    <td><%=teachers.get(i).getTitle() %><br></td>
    </tr>
    <%
    }
    %>
</table>

</body>

</html>
```

包含 5 个教师信息列表的页面执行结果如图 2.4 所示。

图 2.4　包含 5 个教师信息列表的页面执行结果图

（2）jsp:include 引用外部页面。

jsp:include 会把另一个页面的内容引入当前页面，可以作为一种简单的模板引用。jsp:include 所起的作用与页面指令<%@ include ...%>所起的作用相同。jsp:include 会把指定页面的内容引入当前页面，如下所示，指定的页面为 ADCharter.jsp：

```
<jsp:include page="ADCharter.jsp"></jsp:include>
```

（3）jsp:forward 将输出重新转到另一个静态页面资源、另一个 JSP 页面或者 Servlet。

执行 jsp:forward 标签后将清空当前的缓冲和页面上下文，处理转到指定的页面并显示该页面的内容，如下所示，指定的页面为 index.jsp：

```
<jsp:forward page="index.jsp"></jsp:forward>
```

案例 2.6 标签行为 jsp:forward 的应用示例。该应用中包含 3 个.jsp 文件，分别是 testforward.jsp、test1.jsp、test2.jsp。

testforward.jsp 文件的源码如下：

```
<%@ page language="java" contentType="text/html;charset=UTF-8"
    pageEncoding="UTF-8"%>
<!DOCTYPE html PUBLIC "-//W3C//DTD HTML 4.01 Transitional//EN"
"http://www.w3.org/TR/html4/loose.dtd">
<html>
<head>
<meta http-equiv="Content-Type" content="text/html;charset=UTF-8">
<title>Insert title here</title>
</head>
<body>
<%
session.setAttribute("name","张三");
session.setAttribute("pass","778899");
if (session.getAttribute("name")!="张三"){
%>
<jsp:forward page = "test1.jsp"></jsp:forward>
<%
```

```
}
else {%>
<jsp:forward page = "test2.jsp"></jsp:forward>
<%} %>
</body>


</html>
```

test1.jsp 文件的源码（为简洁起见，只保留<body>标记内的内容）如下：

```
<body>
我是test1.jsp
</body>
```

test2.jsp 文件的源码如下：

```
<body>
我是 test2.jsp
</body>
```

标签行为 jsp:forward 应用的页面执行结果如图 2.5 所示。

图 2.5   标签行为 jsp:forward 应用的页面执行结果图

标签行为：forward

（4）jsp:params 与 jsp:param 其他标签行为的参数。

jsp:params 与 jsp:param 通常用来给 jsp:include 及 jsp:forward 标签传递参数，这在目标页面需要传入参数才能正确显示是必须的。比如需要在当前页面引入 ADCharter.jsp 的显示内容，该页面需要 user 与 adid 两个参数，即需要这两个标签进行传递，源码如下：

```
<jsp:include page="ADCharter.jsp">
  <jsp:params>
```

```
    <jsp:param
       name="user"
       value="zhangshan"/>
    <jsp:param
       name="adid"
       value="34921"/>
  </jsp:params>
</jsp:include>
```

案例 2.7 通过 jsp:param 传递参数到目标页面，目标页面再访问参数值的完整示例。

案例 2.7　标签行为 jsp:param 的应用。

传递参数的页面为 test.jsp，传递 2 个参数对。传递目标页面为 testparam.jsp，源码如下：

```
<%@ page language="java" contentType="text/html;charset=UTF-8"
    pageEncoding="UTF-8"%>
<!DOCTYPE html PUBLIC "-//W3C//DTD HTML 4.01 Transitional//EN"
"http://www.w3.org/TR/html4/loose.dtd">
<html>
<head>
<meta http-equiv="Content-Type" content="text/html;charset=UTF-8">
<title>Insert title here</title>
</head>
<body>
<%=(String)request.getParameter("name")%></br>
<%=(String)request.getParameter("pass")%></br>
你好，你的姓名是${param.name}，你的名字好长啊，有${param.name.length()}个字！你的密码
是：${param.pass}
</body>
</html>
```

test.jsp 源码如下：

```
<%@ page language="java" contentType="text/html;charset=UTF-8"
    pageEncoding="UTF-8"%>
<!DOCTYPE html PUBLIC "-//W3C//DTD HTML 4.01 Transitional//EN"
"http://www.w3.org/TR/html4/loose.dtd">
<%@ page import = "testpack.Student" %>
<html>
<head>
<meta http-equiv="Content-Type" content="text/html;charset=UTF-8">
<title>Insert title here</title>
</head>
<body>
   <jsp:include page="testparam.jsp">
       <jsp:param value="jake" name="name"/>
       <jsp:param value = "123" name = "pass"/>
   </jsp:include>
</body>
```

```
</html>
```

标签行为 test.jsp 的运行效果如图 2.6 所示。

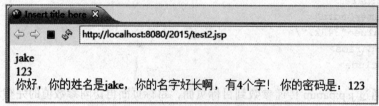

图 2.6　标签行为 jsp:include 的运行效果图

标签行为：param

（5）jsp:expression 标签行为对应表达式代码片断。

执行 jsp:expression 标签后，将会把表达式的值传递给最终页面，如案例 2.8 所示。

案例 2.8　标签行为 jsp:expression 的应用。代码如下：

```
<body>
<% int i=10;%>
<jsp:expression>i</jsp:expression>
</body>
```

页面运行后，将会输出 10。

（6）jsp:scriptlet 标签行为对应代码片断。

执行 jsp:scriptlet 标签时，将开始执行该标签内部的 Java 代码片断，如案例 2.9 所示。

案例 2.9　标签行为 jsp: scriptlet 和 jsp:expression 的应用。代码如下：

```
<body>
Hello!
<jsp:scriptlet>
String name="Mary";
</jsp:scriptlet>
Your name is:
<jsp:expression>
name
</jsp:expression>
</body>
```

以上代码与下述代码片段等价：

```
<body>
Hello!
<%
String name="Mary";
%>
Your name is:
<%=
name
%>
</body>
```

输出结果为：

```
Hello!Your name is:Mary
```

【科技载道】

统一行动是创造有序、高效的基础。

给行为贴上标签，即为统一行动。统一行动，统一行动的代号，就是标签行为的名字，是创造有序、高效的基础。

使用 userBean 统一创建对象，是一种常规性行为，记住这个标签的名字就是 jsp:userBean。

2.1.4　JSP 代码片断

在 JSP 页面中使用代码片断很简单，只要在普通的 Java 代码外面加上 "<%"、"%>" 即可，注意 "<%" 与 "%>" 必须成对出现。JSP 容器在解译阶段处理时，直接将代码片断当成执行代码使之成为 JSP 实现类的一部分，所以它在执行阶段是不可见的。

实际编写中，代码片断可以出现任意次数及任意层数，只要保证每个代码片断能正确被 <% %> 所包围。逻辑上相关联的代码片断之间可以被模板内容隔开，比如一个循环之内插入表格单元的模板内容。

代码片断是 JSP 中最常见的一种元素，在 Java EE 的企业级架构中，一般尽量避免使用该元素。但是在一般的中小型 Java EE 网站应用中，由于代码片断具有方便易用、便于调试且不需要额外学习的特点而广受欢迎。因此，在 JSP 页面中，学习如何使用代码片断仍有必要。

下面是代码片断的一个例子，将在 HTML 页面内重复输出 5 个数字。

```
<%
    for(int i=3;i<=7;i++)
    {%>
      数字: <%=i%><br>
    <%
    }
%>
```

除了成段的代码片断外，另外一种代码片断的使用较为常见，即表达式代码片断。这种使用方式只是简单地使用一个表达式的值，用于显示结果页面。表达式代码片断的语法如下：

<%=表达式%>

下面是使用表达式代码片断的例子：

你好，来自<%=collegeName %>的<%=name %>，
你的名字好长啊，有<%=length %>个字!

其中：collegeName、name 与 length 都是在页面内有效的变量。当输出最终页面时，这些变量所计算出来的值将显示在它们对应的位置上。

【科技载道】

创新始于一点一滴的改变——"表达式片段"让静态页面出现勃勃生机。

同样的一片草坪，不对其作任何变化，它永远是一块单纯的草坪，但有的人会在草坪中划出数个位置，每天在这些位置上"做出"不同的东西，草坪还是那片草坪，但草坪中那些变化的东西，使得这片草坪不是日复一日去"躺平"，而是每天孕育着生机，在同样的一片绿色中却带给人不一样的变化。

表达式片段让静态页面出现勃勃生机，这也告诉我们，创新要从一点一滴去做出改变开始。

值得注意的是，代码片断可以引用本页面引入的 Java 类，同时也可以使用 JSP 容器提供的 Request、Response、Session 等隐含类。因此，代码片断的功能是非常强大的。

案例 2.10　通过 select 标记完成页面下拉选择框的设计，代码如下：

```
<form action = "">
<select name = "class">
<%
int i=5;
for (i=0;i<=5;i++)
    {%>
<option value=<%=i %>><%=i %>班</option>
<%} %>
</select>
<input type="submit" value = "确定">
    </form>
```

通过 select 标记完成页面下拉选择框的运行效果如图 2.7 所示。

图 2.7　通过 select 标记完成页面下拉选择框的运行效果图　　　　JSP 代码片段

【聚沙成塔】

Java 代码和由 html 编写的静态模板共同构成了丰富且功能强大的 Web 应用。

当网站程序不那么复杂、庞大的时候，我们一般通过把 Java 代码嵌入 JSP 页面中编写的方式来实现这些 Web 应用程序的功能。所以中早期的网站我们可以看到很多 JSP 页面，它的源代码中都嵌入了大量的 Java 代码，那些 Java 代码就是以这样的形式写入页面中的，因为 JSP 是 Web 应用程序编写的基础技术，所以前期大量的练习我们都是在 JSP 页面中编写 Java 代码为主，可以看到这些编写的 Java 代码和由 html 编写的静态模板合在一起，构成了丰富且功能强大的 Web 应用程序的功能。

2.1.5　JSP 注释

注释用于增强文件源码的可读性。JSP 页面同样有着相应的注释语法。在 JSP 页面中加入注释的语法有以下两种：

```
<!--注释内容-->
<%--注释内容--%>
```

JSP 引擎在编译 JSP 页面时将忽略页面源码中的注释部分。

案例 2.11　在项目名为 2015 中新建页面 test.jsp。

test.jsp 源码如下：

```
<%@ page language="java" contentType="text/html;charset=UTF-8"
    pageEncoding="UTF-8" isELIgnored="false" session="true"%>
<!DOCTYPE html PUBLIC "-//W3C//DTD HTML 4.01 Transitional//EN"
"http://www.w3.org/TR/html4/loose.dtd">
<html>
<head>
</head>
<body>
<%
    for(int i=3 ;i<=7;i++)
    {%>
    <!--这里用来显示每次循环得到的数字值：-->
      <%--i++;--%>
      数字：<%=i%><br>
    <%
    }
%>
</body>
</html>
```

使用注释不影响页面的运行效果如图 2.8 所示。

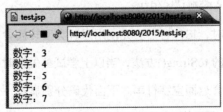

图 2.8　使用注释不影响页面的运行效果图

从图 2.8 可以看出，注释在查看源码时是增强可读性的，不会对运行效果产生影响。

2.1.6　静态模板及变量获取语言 EL 简介

静态模板就是在 JSP 页面内不需要执行代码，只用直接输出文本内容。静态模板包括 JSP 页面内除代码、页面指令、标签行为外的所有文本内容。在解译阶段，JSP 容器将这些静态文本内容直接解译成相应的文本流输出。

但是在静态文本中，我们常常需要将一些容易得到的代码运行结果的值显示出来，比如某个用户登录页面时的登录名、登录次数、经验值、昵称等。如果为了取得这些变量的值而在 JSP 页面中大量使用代码片断，那么，既影响页面设计的一致性和可读性，又使得开发者无法轻易维护业务逻辑，让界面与业务代码不能很好地分离，影响了开发效率。所以开发出了 EL（Expression Language，表达式语言）语法，并在 JSP 页面中得到了广泛应用。

实际上，EL 最初是在开发 JSTL（Java 标准标签库）1.0 的过程中，为了让页面设计者方便存取 JSTL 的标签属性而设计的，因为使用方便、表达清晰被移入了 JSP 规范之中。同时，EL 也成了 JSP 页面访问内存中对象的首选语言。随着 Java 开发框架的发展，每种开发框架都或多或少地发展了自己的一套或者使用了某种第三方内存对象访问语言，如 Struts 2 使用 OGNL、Spring 使用 SpEL、JBoss 开发框架使用 JBoss EL，它们的基础或者模仿对象都是 EL。因此，一旦我们熟悉了 EL 的表达方式，就容易掌握其他对象存取语言。

最常见的 EL 取值形式是使用 "${}" 与 "#{}" 包含相应的内容。在包含的内容里，应该是 JSP 页面上下文中可以直接访问的 java 变量、对象名。如下面的 JSP 片段中，${userbirthdate} 与${usersex}分别表示取出 Java 字符串变量 userbirthdate 与 usersex 的值。我们一般使用立即调用的形式 "${}"。"#{}" 是在执行时才取值，主要用于方法调用，这里不过多介绍。

```
<div>出生日期:${userbirthdate} 性别:${usersex}</div>
```

被 JSP 容器处理后，以上网页内容转换为如下结果：

```
<div>出生日期:1989-1-2 性别:男</div>
```

当变量类型为非字符串时，JSP 容器会先使用强制类型转换尝试获取字符串结果，如果无法转换，则会尝试调用变量的 toString()方法，当以上尝试都失败时，将会返回空字符串。如果用户指定的变量不存在，就会返回空字符串。下面代码分别显示一个整型变量、一个浮点型变量和一个不存在的变量。

```
<div>年龄:${userage} 账户余额:${usermoney} 备注:${nondummy}</div>
```

生成的结果网页如下：

```
<div>年龄:23 账户余额:73952.34 备注:</div>
```

EL 语法中可以使用算术表达式及逻辑表达式，这在一些需要进行简单判断才能得出结果的场合很有用。EL 会将表达式的结果计算出来，再转化成字符串。

以下代码中，假设 userget 与 userpaid 分别表示用户的收入和支出，EL 表达式将 userget 与 userpaid 相减的结果显示为用户的总收入。逻辑变量 isgraduated 与 isadult 分别表示是否已从学校毕业及是否已超过成人年龄，而将这两个逻辑变量的与的显示为用户是否可以开启账户的结果：

```
<div>收入:${userget} 支出:${userpaid} 总收入:${userget - userpaid}</div>
<div>是否毕业:${isgraduated} 是否成年:${isadult} 可否开户:${isgraduated &&
isadult}</div>
```

生成的结果网页如下：

```
<div>收入: 300.00 支出:434.00 总收入:134.00 </div>
<div>是否毕业:true 是否成年:false 可否开户:false</div>
```

如果想使用某个对象中的属性值，也非常方便，使用"."操作符可以直接获取某个对象的属性值。以下代码中将会提取 myuser 对象的 age、sex、level 等属性（JSP 页面运行时必须存在 myuser 对象）。

```
<div>用户年龄:${myuser.age}</div>
<div>用户性别:${myuser.sex}</div>
<div>用户级别:${myuser.level}</div>
```

生成的结果网页如下：

```
<div>用户年龄:23</div>
<div>用户性别:男</div>
<div>用户级别:14</div>
```

最后，当引用的变量是一个数组、一个散列表、一个列表等集合数据结构时，可以采用"[]"方式来引用该变量中的成员。成员如果是一个对象，则可以继续使用上述的属性引用语法。可以一直使用这种方法来得到你所需要的值。以下代码是使用 user 数组 myarray 中第三个元素的 age 属性。

```
<div>用户年龄:${myarray[2].age}</div>
```

生成的结果网页如下：

```
<div>用户年龄:19</div>
```

从以上代码可以看到，EL 在 JSP 页面中可以很方便地存取 java 变量和对象的值，这相比以前的<% %>表达式取值方式要简单得多。

案例 2.12　使用 EL 获取值，代码如下：

```
<%
String girlname="Mary";
pageContext.setAttribute("j",girlname);
request.setAttribute("name", girlname);
%>
<div>出生日期:${name} 性别:${j}</div>
Your name is :
<%=
girlname
%>
```

案例 2.13　使用 EL 访问 session 对象中的值。

test1.jsp 的代码如下：

```
<%@ page language="java" contentType="text/html;charset=UTF-8"
    pageEncoding="UTF-8"%>
<!DOCTYPE html PUBLIC "-//W3C//DTD HTML 4.01 Transitional//EN"
"http://www.w3.org/TR/html4/loose.dtd">
<html>
<head>
</head>
<body>
<% int i=10;%>
<jsp:expression>i</jsp:expression>
<%
session.setAttribute("name","张三");
session.setAttribute("pass","778899");
%>
${name}
</body>
</html>
```

test2.jsp 的代码如下：

```
<%@ page language="java" contentType="text/html;charset=UTF-8"
    pageEncoding="UTF-8"%>
<!DOCTYPE html PUBLIC "-//W3C//DTD HTML 4.01 Transitional//EN"
"http://www.w3.org/TR/html4/loose.dtd">
<html>
<head>
</head>
```

```
<body>
${name}
</body>
</html>
```

test2.jsp 运行后，页面显示结果为：张三

案例 2.14　使用 EL 语言访问 request 对象中参数的值（注意：通过 EL 语言访问 request 对象中的 name 参数和 pass 参数，要使用前缀 param）。

test2.jsp 的代码如下：

```
<body>
姓名: <%=(String)request.getParameter("name")%></br>
密码: <%=(String)request.getParameter("pass")%></br>
你好, 你的姓名是${param.name}, 你的名字好长啊, 有${param.name.length()}个字! 你的密码
是: ${param.pass}
</body>
```

注意：此页面希望输出 name 和 pass 两个参数的值。从客户端发出对此页面的请求时，需要在浏览器的 URL 中设置 name 和 pass 两个参数的值。例如，在浏览器中运行：

http://localhost:8080/2015/test2.jsp?name=zhangsan&pass=78

其中，2015 是 test2.jsp 所在的项目名。

使用 EL 访问 request 对象中参数的值的运行效果如图 2.9 所示。

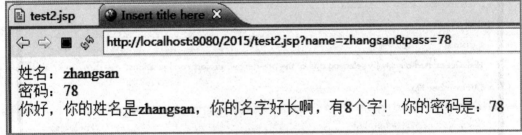

图 2.9　使用 EL 访问 request 对象中参数的值的运行效果图

再次认识 JSP

2.2   在 Eclipse 中建立 Web 项目以及 Eclipse 中配置 Tomcat

在 Eclipse 中第一次新建 Web 项目时，如果未在 Eclipse 中整合 Tomcat，将会提示配置 Tomcat 服务器。本节将介绍如何新建 Web 项目以及如何在 Eclipse 中配置 Tomcat 服务器。

1. 在 Eclipse 中新建 Web 项目

在 Eclipse Java EE IDE 中，建立 Web 项目的入口为 New→Dynamic Web Project，如图 2.10 所示。

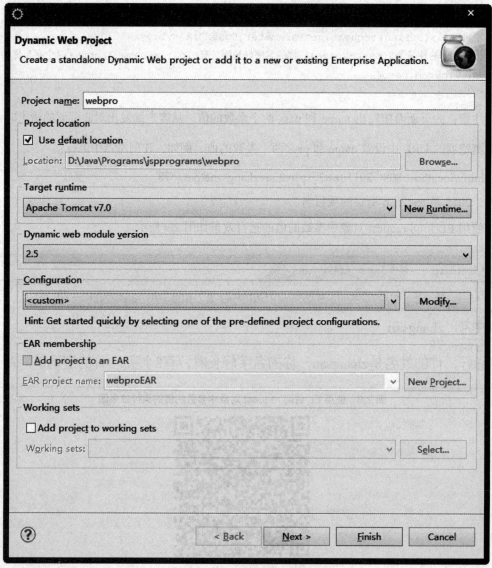

图 2.10   新建 Web 项目

在 Project Explorer 面板中，右击 Web 项目，选择 New→JSP File，可在 Web 项目中新建 NewFile.jsp 文件，如图 2.11 所示。

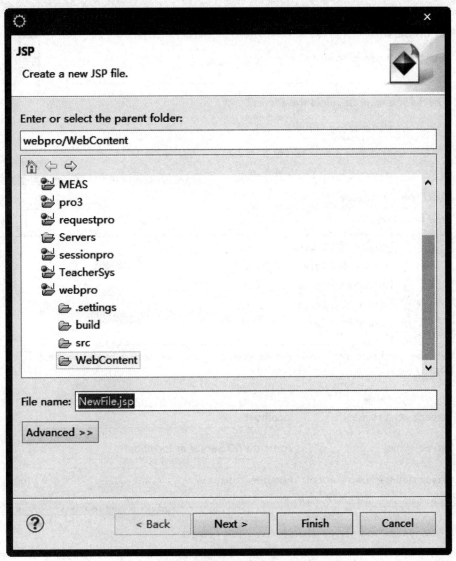

图 2.11　在 Web 项目中新建 NewFile.jsp 文件

点击 "Finish"按钮后，成功建立 NewFile.jsp 文件。

在 Project Explorer 面板中找到新建的 NewFile.jsp 文件，右击菜单，选中 Run As→Run On Server，如图 2.12 所示。这是因为第一次运行项目中的 JSP 页面，需要对 "server"进行配置，否则无法正常运行。

2. 在 Eclipse 中配置 Tomcat 并运行项目文件

Tomcat 最新的版本是 Tomcat 10，可以在网址 http://tomcat.apache.org/download-10.cgi 下载

该内容。此处我们下载 Tomcat 7 的版本，可得到一个"apache-tomcat-7.0.16"文件夹。

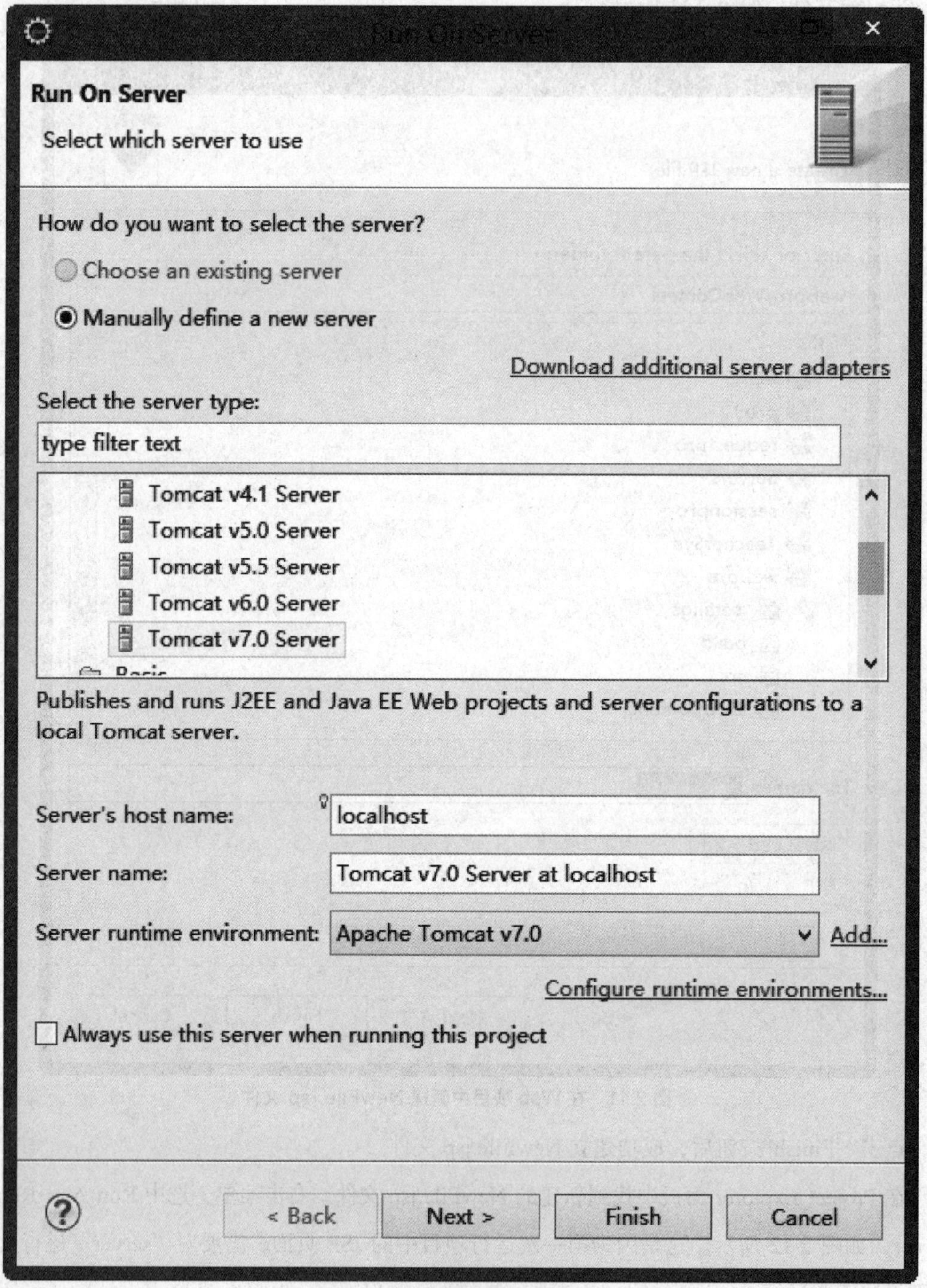

图 2.12　配置待使用的服务器

第一次使用的时候，需要对 Server（服务器）进行配置。

（1）选择 Tomcat v7.0 Server，如图 2.12 所示。

（2）将前述下载的 apache-tomcat-7.0.16 所在的路径进行设置，确认 Tomcat 服务器安装的位置，如图 2.13 所示。

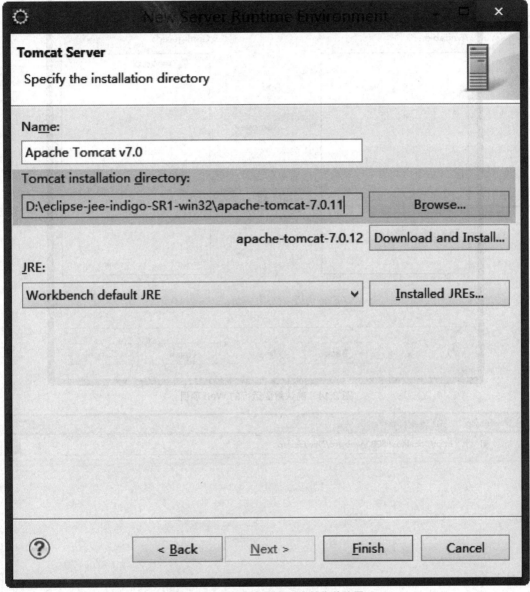

图 2.13　设置服务器和对应的安装位置

（3）确认新建的 Web 项目是否通过刚刚配置的 Tomcat 服务器运行，如图 2.14 所示。点击 "Finish" 按钮，可看到 NewFile.jsp 文件的运行效果，如图 2.15 所示。

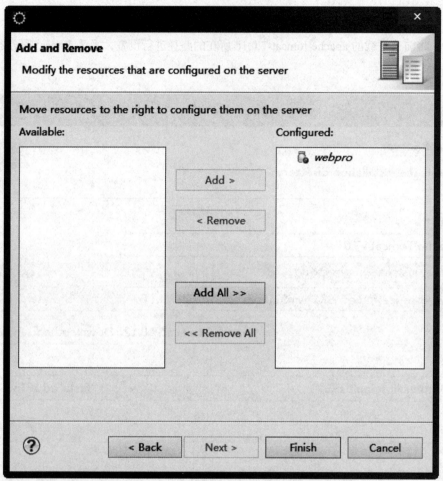

图 2.14　确认需要运行的 Web 项目

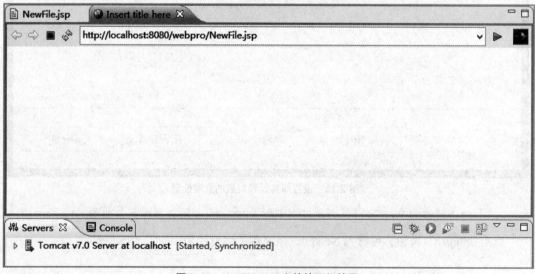

图 2.15　NewFile.jsp 文件的运行效果

注意，如果配置的 Tomcat 服务已经启动，则服务器会启动失败。

2.3 Tomcat+Eclipse 整合配置

在 Eclipse 中整合 Tomcat，Web 项目才能顺利调试和运行。本节讲述如何直接通过 Eclipse 整合 Tomcat 运行环境。整合完毕后，可直接在 Eclipse 中新建 Web 项目并调试执行，Eclipse 中不会再次弹出需要配置的对话框。本节 Tomcat 的示例使用 Tomcat 7.0 版本。

（1）在 Eclipse 中指定下载的 Tomcat 路径。

在 Eclipse 菜单项中选择 Window→Preferences，在左侧目录树中选择 Server→Runtime Environments，会出现如图 2.16 所示的窗口。

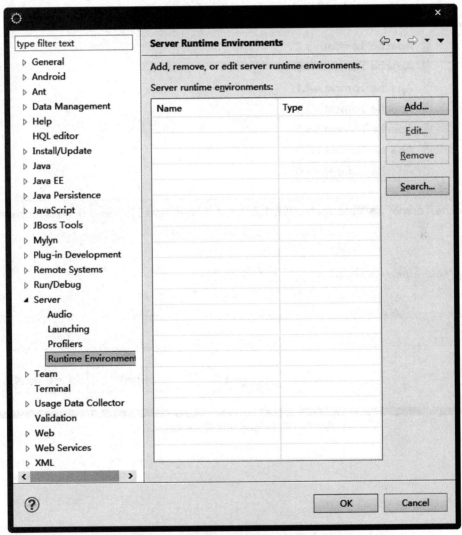

图 2.16 在 Eclipse 中配置 Tomcat（一）

点击"Add"按钮，出现如图 2.17 所示的窗口。

点击"Next"按钮，出现如图 2.18 所示的窗口。

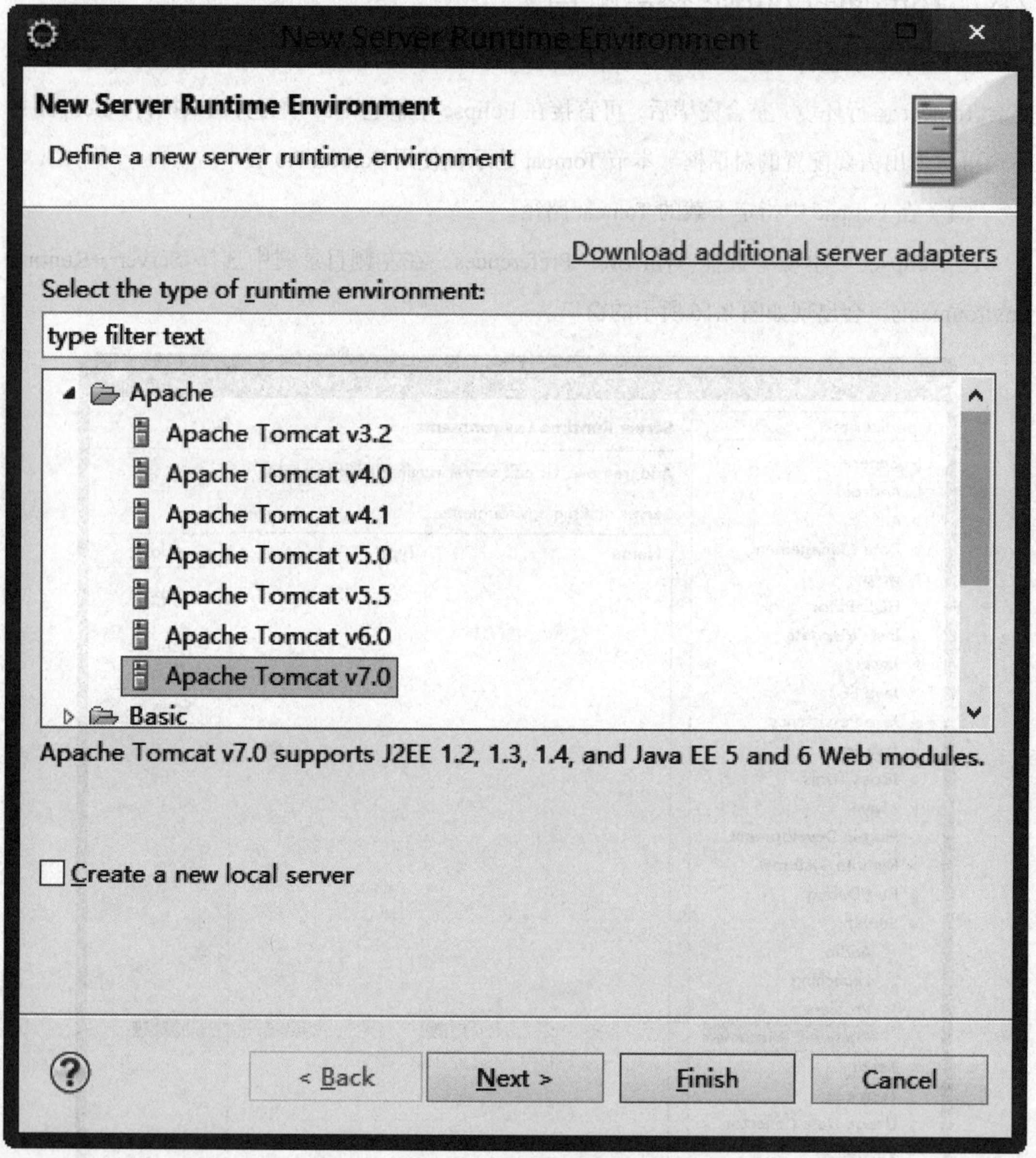

图 2.17　在 Eclipse 中配置 Tomcat（二）

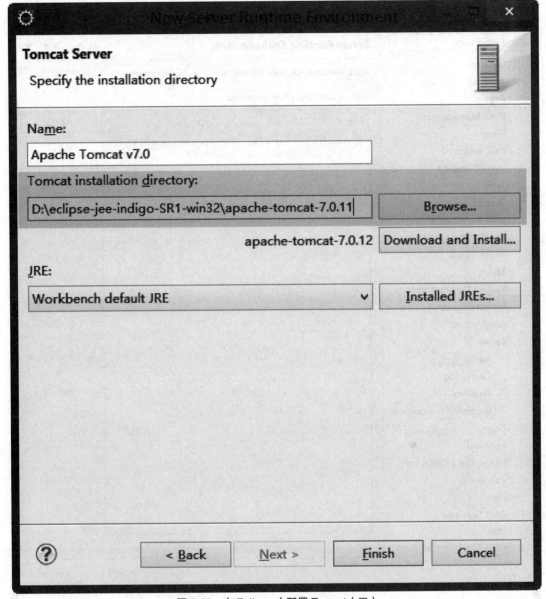

图 2.18　在 Eclipse 中配置 Tomcat（三）

点击"Finish"按钮，出现如图 2.19 所示的窗口。

至此，在 Eclipse 中配置 Tomcat 完成。

（2）测试 Tomcat 是否能在 Eclipse 中运行。在 Eclipse 菜单项中选择 Window→Show View →Servers，出现如图 2.20 至图 2.23 所示的窗口。

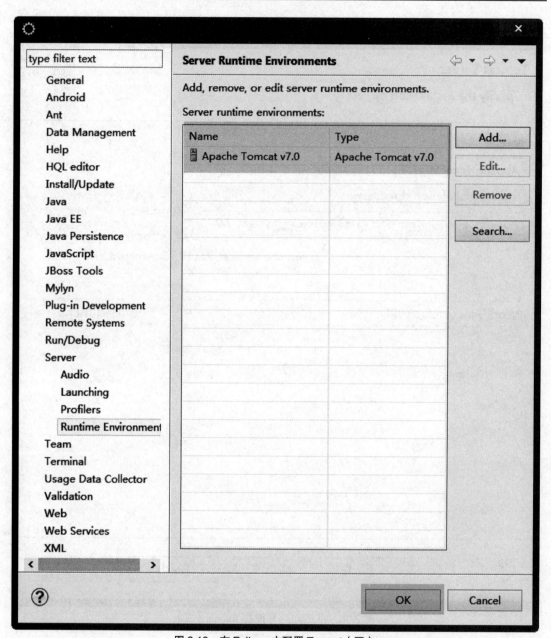

图 2.19　在 Eclipse 中配置 Tomcat（四）

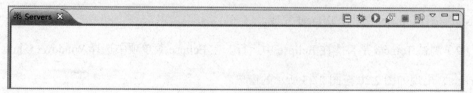

图 2.20　在 Eclipse 中测试 Tomcat（一）

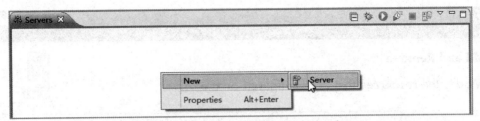

图 2.21　在 Eclipse 中测试 Tomcat（二）

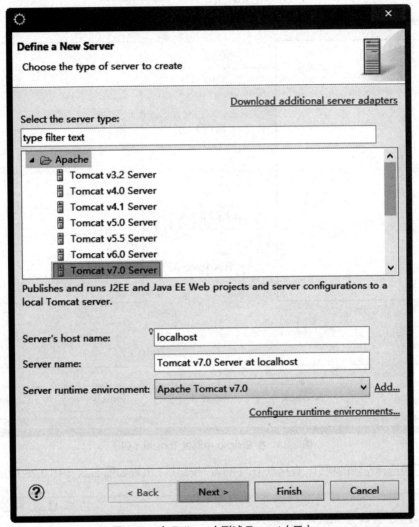

图 2.22　在 Eclipse 中测试 Tomcat（三）

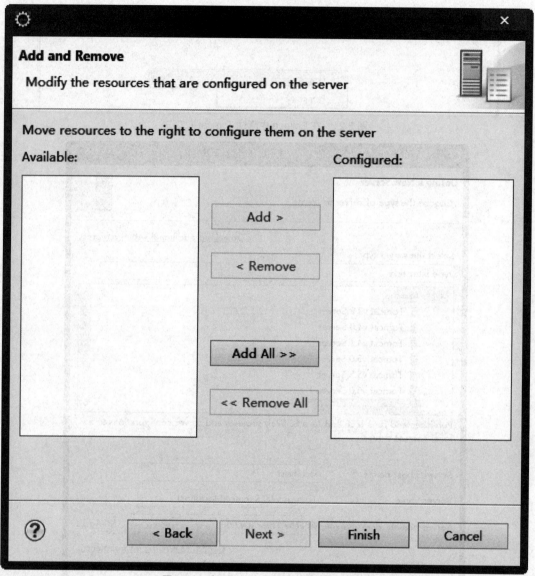

图 2.23　在 Eclipse 中测试 Tomcat（四）

可以不用选择左侧的项目，直接点击"Finish"按钮后，出现如图 2.24 至图 2.26 所示的窗口。

图 2.24　在 Eclipse 中测试 Tomcat（五）

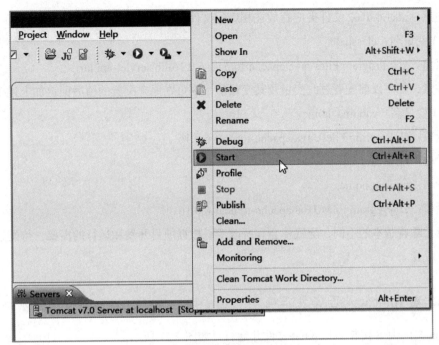

图 2.25　在 Eclipse 中测试 Tomcat（六）

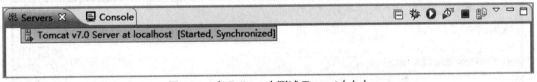

图 2.26　在 Eclipse 中测试 Tomcat（七）

此时，可以看到 Tomcat 能够在 Eclipse 中成功运行。

2.4　Tomcat 的配置安装与 Web 项目部署

本节的学习，主要便于读者学习 Web 项目在 Tomcat 下的部署、发布。本书采用 Tomcat 作为 Java EE 服务器套件。Tomcat 是开源社区组织 Apache 下的 Java EE 服务器的一个开源项目，它完整地实现了 Java EE 服务器的 JSP、Servlet、EL 等规范内容。下面介绍该服务器的安装配置过程。

2.4.1　安装：下载并配置环境变量

先将下载下来的.zip 文件解压到一个子目录中，假设 Tomcat 被解压到 C:\Program Files\Java\apache-tomcat-6.0.16，此处以 Tomcat 6.0 为例，则需要设置一些环境变量值。

（1）变量名：java_home。

变量值：C:\Program Files\Java\jdk1.6.0_02

（注意，jdk1.6.0_02 文件夹应存放在相应的文件夹中，配置的变量值才能如此。）

（2）变量名：classpath。

变量值：.;C:\Program Files\java\apache-tomcat-6.0.16\lib\servlet-api.jar

（注意，如果以前配置过此变量及其变量值，则可在原来配置的值后面追加上述变量值。）

（3）变量名：catalina_home。

变量值：C:\Program Files\Java\apache-tomcat-6.0.16

此处也可配置为：

变量名：tomcat_home。

变量值：C:\Program Files\Java\apache-tomcat-6.0.16

注意：随着版本的不同，配置将会有所改变，根据项目开发和运行的需要，待配置的变量也会随之改变。

2.4.2 测试 Tomcat 是否安装正确

在 bin 文件夹下双击 startup.bat 文件并运行，如图 2.27 所示。

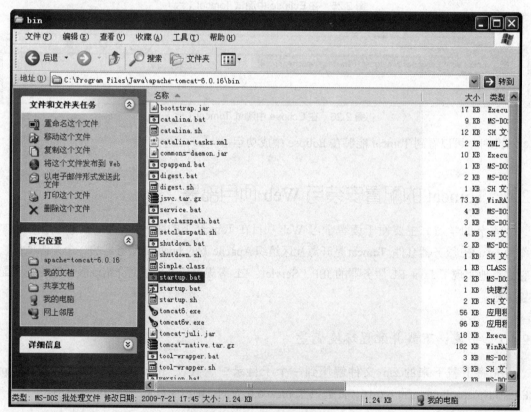

图 2.27 Tomcat 的安装路径

如果显示如图 2.28 所示的内容，则表明启动成功。

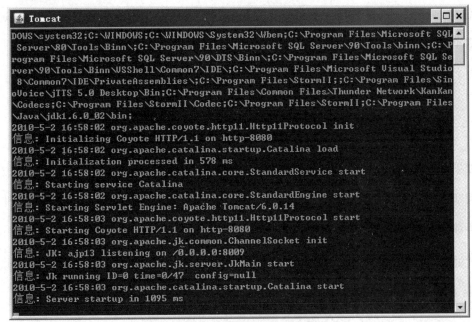

图 2.28　Tomcat 服务器启动成功

在浏览器地址栏中输入 http://localhost:8080/，会出现如图 2.29 所示的页面，表示配置成功。

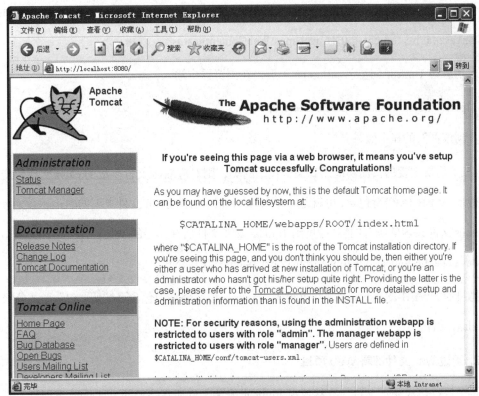

图 2.29　Tomcat 服务器配置成功页面

配置成功后，不通过 Eclipse 就可以直接将.jsp 文件部署在 Tomcat 的相应文件夹中。通过浏览器即可对 Tomcat 服务器发送请求，得到相关.jsp 文件运行后的动态网页效果。

2.4.3 Tomcat 下 Web 项目的部署、发布

1. 手动部署 Web 项目

如果不通过 Eclipse 启动 Tomcat 服务器，而是通过运行 startup.bat 的形式启动，通过浏览器访问 JSP 动态页面，则需要在 Tomcat 服务器下进行部署，将这些.jsp 文件/.class 文件、.jar 文件等部署在 Tomcat 服务器上。

此处以本机作为服务器，并在本机上配置安装 Tomcat 服务器。下面将这个 Web 项目中的.class 文件和.jsp 文件等进行部署。

（1）将 Eclipse 中 Web 项目的 WebContent 文件夹（文件夹内的所有内容）拷贝到 Tomcat 安装文件所在路径的 webapps 下，如 C:\Program Files\Java\apache-tomcat-6.0.16\webapps，拷贝后，若 WebContent 文件夹中有一个 test.jsp 文件，则 test.jsp 的完整路径为 C:\Program Files\Java\apache-tomcat-6.0.16\webapps\WebContent\test.jsp。

成功启动 Tomcat（运行 startup.bat）后，在浏览器中输入：

http://localhost:8080/WebContent/test.jsp

即可看到该页面的显示效果。

（2）如果实现的页面功能用到某个包中的类，则对应.java 文件生成的.class 文件应能被部署的目录（WEB-INF）所包含，也就是将 Eclipse 中该项目的 build 文件夹下的 classes 文件夹（连接 classes 文件夹内的所有内容）拷贝到 Tomcat 安装文件所在路径的 WEB-INF 下，如 C:\Program Files\Java\apache-tomcat-6.0.16\webapps\WebContent\WEB-INF。

拷贝后，WEB-INF 下应有一个文件夹 classes。该文件夹中包含可按照"包"形式分级存放的各.class 文件。

2. 通过.war 文件部署 Web 项目

将项目打包成.war 文件，直接放在 Tomcat 安装文件所在路径的 webapps 下即可。Tomcat

会自动解压.war 文件。

2.5　简单的 JSP 页面的编写与运行

在 Explorer 面板中选择一个已经存在的 Web 项目，如 WebPros，再右击，在弹出的菜单中
选择 New→JSP，参考代码如下：

```
<%@ page language="java" contentType="text/html;charset=utf-8"
    pageEncoding="utf-8"%>
<html>
<head>
<title>Insert title here</title>
</head>
<body>
    这是一个网页，可以显示数字，数字的个数和值由循环次数决定。如
    <font size = 7>
    </font><br>
    <%
    for(int i=3;i<=7;i++)
    {%>
    数字: <%=i%><br>
    <%
    }
    %>
</body>
</html>
```

具体步骤为：在 Package Explorer 面板中选择 SimpleWebPage.jsp，右击菜单，选择 Run As
→Run On Server，运行成功后应能看到如图 2.30 所示的效果。

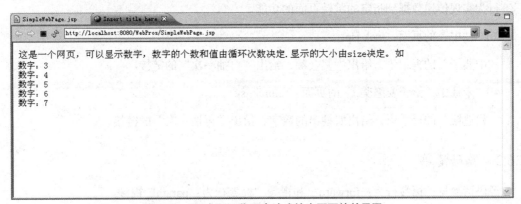

图 2.30　通过 JSP 代码表达式输出页面的效果图

2.6　综合项目：Web 抽奖小游戏

游戏功能：设计一个 Web 抽奖小游戏，游戏玩家主要通过页面功能点击得到一个数字，抽

到数字的值为 60 以上，就进入中奖页面！如果数字的值班低于 60，则当前用户跳转到"安慰奖"页面。不论中奖还是未中奖（安慰奖），用户抽取数字的值均能传递到相应的页面。

2.6.1　设计思路

1）设计游戏主页面：main.jsp

主页面主要包括文字提示游戏规则，给出游戏入口链接。主页面参考效果如图 2.31 所示。

"抽数字"中奖规则：抽到60以上，就会得到相应奖金。看看你中奖了没有？

试试手气：抽奖

图 2.31　Web 抽奖小游戏主页面参考效果图

2）游戏主要页面：run.jsp

该页面主要包括通过随机值计算得到一个"抽奖数字"，并判断该抽奖数字是否大于 60，如果是，则跳转到"抽中"后的页面；如果不是，则跳转到"未抽中"的页面。其中"抽中"页面为"luck.jsp"。"未抽中"页面为"unluck.jsp"。

通过 jsp：forward 标签行为实现改变当前输出流的功能，完成页面跳转；通过 jsp：param 标签行为实现传递数据到指定的跳转页面的功能。

3）"抽中"的页面：luck.jsp

"中奖了"的提示语，给出中奖金额，给出"再抽一次"的链接。

4）"未抽中（给予安慰奖）"的页面：unluck.jsp

"很遗憾"的提示语，给出所抽出的数字，给出"再抽一次"的链接。

2.6.2　源码清单

源码请参见"标签行为：forward"和视频"标签行为：param"视频。

习题二

1.简述 JSP 页面执行的原理。

2.编写一个网页代码，使得网页执行效果如图 2.32 所示。注意，要使用 JSP 代码片段"<%,...,%>"来完成。

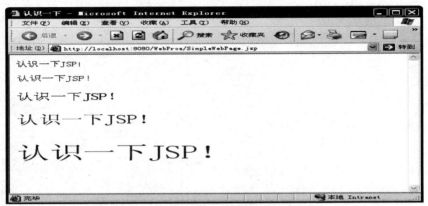

图2.32　采用代码表达式片段控制 CSS 样式

网页参考代码如下：

```
<body>
<%
for(int i=10;i<20;i=i+2){
    String s = "font-size:"+i+"px";
    %>
<span style=<%=s %>>认识一下 JSP! </span><p>
<% }%>
</body>
```

第 3 章　Java Web 内置对象

　　编写 Java 程序需要开发自己定义的类，并创建这些类的对象来完成相应的应用逻辑功能。编写的 Java Web 程序是基于 HTTP 客户端-浏览器方式运行的。程序员编写 Java Web 程序要处理的数据有些可能是服务器获取的来自客户端提交的请求数据，有些可能是服务器端保存的来自某个浏览器客户端的用户数据。服务器保存了这些数据，并且封装在不同的对象中，服务器端提供了这些对象的引用名，让程序员在开发期间能够基于这些内置对象来完成应用功能要求。

　　一个基本的 Web 应用程序，离不开这些 JavaEE 技术体系定义的这些类的对象。这些对象的引用名字全部都是由 JavaEE 技术体系中定义的，都是对象的引用名。作为程序员，只要知道这些对象中到底封装了哪些数据，然后这些对象又能够有哪些方法供我们去调用？当然还需要去学习这些对象是什么时候可以被使用，什么时候不能被使用，也就是这些对象的生命周期。

　　我们也可以理解为 JavaEE 规范中定义这些系统的类，这些类的对象由整个 JavaEE 的服务器去决定什么时候创建，什么时候去封装什么样的数据，什么时候去销毁。

　　这些都了解了之后，程序员能够自如地去使用这些对象来完成相应的应用程序的逻辑功能了。

　　运行 Web 应用程序时，服务器会维护有关当前应用程序、每个用户会话、当前 HTTP 请求、请求的页等方面的信息。在 Java EE 技术体系中定义了包含这些信息的接口和类。为了方便开发 Web 应用程序，编程时不用重新声明这些对象，可以在 JSP 页面中直接使用这些对象预设的名字，这些对象是在 Web 服务器端根据情况自动生成的。而在 Servlet 中使用实际对应的对象来编程，这些对象在 Servlet 中的应用将在第 4 章详细介绍。

　　Java Web 内置对象如表 3.1 所示。

表 3.1　Java Web 内置对象

内置对象预设名	描述	作用域	Servlet 对应对象
application	网页所属的应用程序对象	整个应用程序执行期间	ServletContext 对象
config	用于获得服务器的配置信息	页面执行期间	ServletConfig 对象
exception	发生错误时生成的异常对象	页面执行期间	java.lang.Throwable 对象
out	从服务器端向客户端打开的 output 数据流对象	页面执行期间	PrintWriter 对象
page	当前网页的对象	页面执行期间	当前页面转换后的 Servlet 类的对象，通常可用"this"表示
pageContext	当前网页上下文对象	页面执行期间	PageContext 对象
request	包含客户端请求信息的对象	用户请求期间	HttpServletRequest/ServletRequest 对象

续表

内置对象预设名	描述	作用域	Servlet 对应对象
response	包含从服务器端发送到客户端的响应内容的对象	页面响应期间	HttpServletResponse/ServletResponse 对象
session	保存用户信息的对象	会话期间	HttpSession 对象

JSP 内置对象概述

3.1　认识 request

当客户端对 Web 服务器进行 HTTP 请求时，服务器会创建一个请求对象，该对象封装了此次请求的所有信息，包括参数信息等。该对象对应的引用变量名为 request。这个 request 和 response、out、session、application、config、pageContext、page 一起又叫自动定义的变量。

请求对象实现了接口 HttpServletRequest，系统同时提供变量 request 来引用该请求对象。

3.1.1　request 对象：重要方法

HttpServletRequest 接口的重要方法如表 3.2 所示。

表 3.2　HttpServletRequest 接口的重要方法

方法	描述
String getParameter(String name)	将请求参数的值作为 String 类型的数据返回，如果参数不存在，则返回 null。这些请求参数均伴随请求所发送的信息
void setCharacterEncoding(String env)	设置请求的编码
String[] getParameterValues(String name)	当 request 对象中存储的"键-值对"属于：一个键对应多个值的情况时，使用方法 getParameterValues 可以得到存储这些"多个值"的数组
Enumeration getParameterNames()	获取所有参数的名称

request 对象

3.1.2　request 对象获取表单数据实例（一）

本节将详细介绍如何设计表单，通过表单提交请求后，再如何从请求中获取数据，并完成程序设计。

案例 3.1　在 inputYourName.jsp 页面输入姓名，点击"提交"按钮后，程序跳转到 seeit.jsp 页面，并显示输入的姓名。其实现过程如下。

（1）根据要求设计表单。

HTML 中的<form></form>标记主要为用户输入创建 HTML 表单。表单用于向服务器传输数据。

一对<form></form>标记中可以包含 input 标记，用于文本字段、复选框、掩码后的文本控件、单选按钮、按钮等输入元素的设计。

<input>标记的属性为 type，可设置其属性值。根据属性值的不同，输入元素的形式也不同，可以是文本字段、复选框、掩码后的文本控件、单选按钮、按钮等。

输入页面如图 3.1 所示。

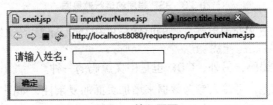

图 3.1　输入页面

inputYourName.jsp 文件对应的代码如下：

```
<%@ page language="java" contentType="text/html;charset=UTF-8"
    pageEncoding="UTF-8"%>
<!DOCTYPE html PUBLIC "-//W3C//DTD HTML 4.01 Transitional//EN"
"http://www.w3.org/TR/html4/loose.dtd">
<html>
<head>
<meta http-equiv="Content-Type" content="text/html;charset=UTF-8">
<title>Insert title here</title>
</head>
<body>
<form name ="inputPersonInfo" method = "post" action = "seeit.jsp">
请输入姓名：<input name = "name" type="text"></input><br></br>
<input id = "enter" type="submit" value = "确定"></input>
</form>
</html>
```

其中：type 的属性值为"text"的 input 元素，表示为文本输入框；type 的属性值为"submit"的 input 元素，表示为提交按钮。

（2）从 URL 请求中获取数据。

当点击"确定"按钮的时候，name 输入框中输入的信息将随着 HTTP 请求发送到服务器，请求的页面是 seeit.jsp。如果希望在 seeit.jsp 中显示前面 name 输入框中输入的值，则需要在 seeit.jsp 文件中使用以下代码：

```
<%
String name = request.getParameter("name");
%>
你好，<%=name %>
```

在程序中输入参考数据，效果如图 3.2 所示。

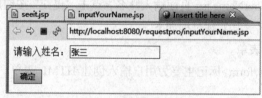

图 3.2　输入参考数据

点击"确定"按钮后，JSP 程序的运行效果如图 3.3 所示。

图 3.3　JSP 程序的运行效果图

注意：当程序进行中文处理出现乱码的时候，可在 seeit.jsp 代码中加入以下语句：

```
<%request.setCharacterEncoding("UTF-8");%>
```

UTF-8 是一种中文编码，另外，GBK 也是中文编码的一种。

在上述代码的基础上，可输入参考数据来增加页面的复杂性，如图 3.4 所示。从 URL 请求中获取数据后，需要对数据再进一步处理：根据程序运行时输入姓名字数的不同，程序应能得到相应的字数个数。

图 3.4　输入参考数据实例

点击"确定"按钮后，运行效果如图 3.5 所示。

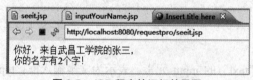

图 3.5　JSP 程序的运行效果图

seeit.jsp 代码如下：

```
<%@ page language="java" contentType="text/html;charset=UTF-8"
    pageEncoding="UTF-8"%>
<!DOCTYPE html PUBLIC "-//W3C//DTD HTML 4.01 Transitional//EN"
"http://www.w3.org/TR/html4/loose.dtd">
<html>
```

```
<head>
<meta http-equiv="Content-Type" content="text/html;charset=UTF-8">
<title>Insert title here</title>
</head>
<body>
<%
request.setCharacterEncoding("utf-8");
String name = request.getParameter("name");
int length = name.length();
String collegeName = request.getParameter("collegeName");
%>
你好，来自<%=collegeName %>的<%=name %>, <br>你的名字有<%=length %>个字!
</body>
</html>
```

request 对象：获取表单中的请求参数

3.1.3　request 对象获取表单数据实例（二）

案例 3.2　在 3.1 案例的基础上，如果表单提交的数据不通过另一页面"接收"并显示，而是在本页面"接收"并显示，那么该如何实现？

运行程序后，初始页面如图 3.6 所示。

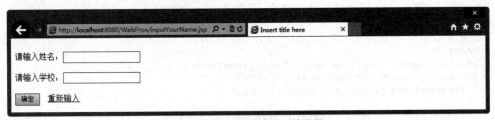

图 3.6　输入页面的运行效果图

在输入框中输入数据后的效果如图 3.7 所示。

点击"确定"按钮，输入框中的数据显示在当前页面，如图 3.8 所示。

如果点击"重新输入"连接，则回到初始页面，如图 3.9 所示。

案例 3.2 分析如下。

- 分清输入页面与输出页面。
- 根据输入页面和输出页面（结果页面）的内容，确定实现功能的代码文件为同一个。
- 编写相关的代码。
- 分析结果页面的数据来源。根据程序体现出"输入→处理→输出"的基本规律。本程序的"处理"体现为页面中的 Java 代码。

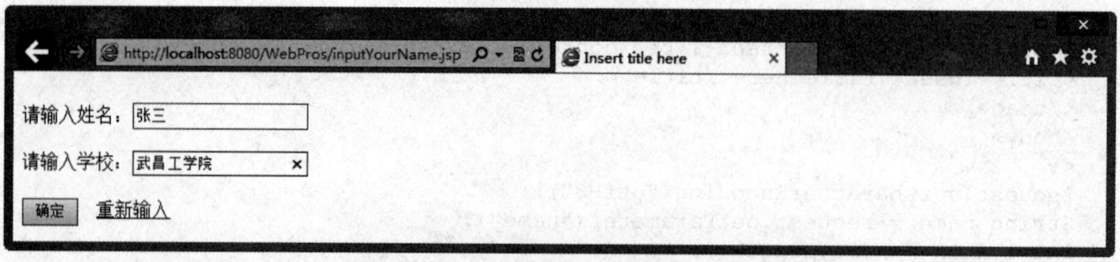

图 3.7　在输入框中输入数据后的效果图

图 3.8　点击"确定"按钮后的运行效果图

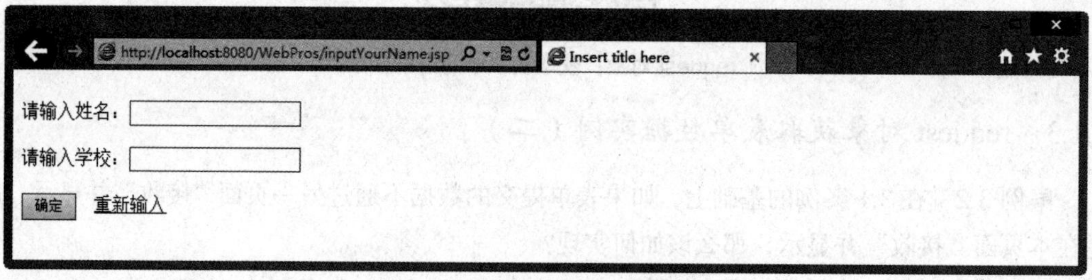

图 3.9　回到初始页面的效果图

inputYourName.jsp 代码如下：

```
<html>
<body>
<%String name="",collegeName="";int length=0;
request.setCharacterEncoding("UTF-8");
if (request.getParameter("name")!=null)
{
    name= request.getParameter("name");
    length = name.length();
}
if (request.getParameter("collegeName")!=null)
collegeName = request.getParameter("collegeName");
%>

<form name ="inputPersonInfo" method = "post" action = "inputYourName.jsp">
请输入姓名: <input name = "name" type="text" value =<%=name %>></input><br></br>
请输入学校: <input name = "collegeName" type="text" value
=<%=collegeName %>></input><br></br>
<input id = "enter" type="submit" value = "确定">
</input>
<a href="inputYourName.jsp">重新输入</a>
</form>
<%if (request.getParameter("name")!=null)
{
```

```
%>
    你好，来自<%=collegeName %>的<%=name %>，你的名字好长啊，有<%=length %>个字!
<%} %>
</body>
</html>
```

request 对象：获取表单中的请求参数-2

3.1.4　request 对象获取 URL 中的请求参数

HTML<a>标记的 href 属性用于指定超链接目标的 URL，例如：

```
<a href="http://www.wuit.cn">武昌工学院</a>
```

超链接是给客户端用户进行页面跳转的，跳转的页面会根据不同的"参数"而呈现不同的显示结果，这也是"动态网页"的意义所在。

HTTP 请求的 URL 通常包括：

```
http://[host]:[port][request path]?[参数对]
```

参数和相应参数值的显示格式通常以"?"开始，以"&"分隔参数，例如：http://localhost:8080/WebPros/ShowCalResult.jsp?employeeName=Mike&wage=5000。

案例 3.3　设计 inputYourName.jsp 页面，点击超链接"Jake"，进入另一页面 seeit.jsp，并显示"你好，Jake"。

运行 inputYourName.jsp 页面后的效果如图 3.10 所示。

图 3.10　运行 inputYourName.jsp 页面后的效果图

点击超链接"Jake"后，在 seeit.jsp 中显示接收 URL 的值的效果如图 3.11 所示。

图 3.11　在 seeit.jsp 中显示接收 URL 的值的效果图

inputYourName.jsp 代码如下：

```
<%String name ="Jake";%>
<a href ="seeit.jsp?name=<%=name %>"><%=name%></a>
```

seeit.jsp 代码如下：

```
<%
String name = request.getParameter("name");
%>
你好, <%=name %>
```

request 对象：获取 URL 中的请求参数

3.1.5 综合项目 1：教师信息列表导航与详情页面设计

本节通过一个教师信息列表导航与详情页面设计项目，详细介绍如何通过循环生成一系列超链接，且这些超链接可以分别链接到不同页面的整个过程的设计与实现。

案例 3.4 通过 ArrayList 存储 5 个教师信息。设计第一个页面用于显示这 5 个教师的姓名，并且提供超链接来进一步查看详情（见图 3.12）；设计第二个页面用于显示详情（见图 3.13）。

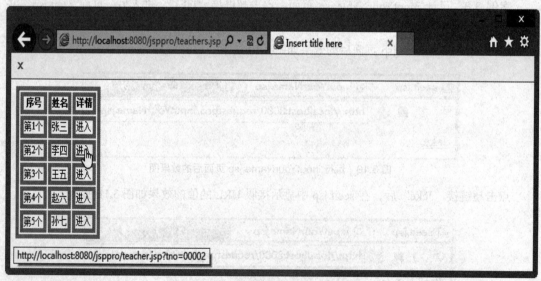

图 3.12 列表中含超链接的页面效果图

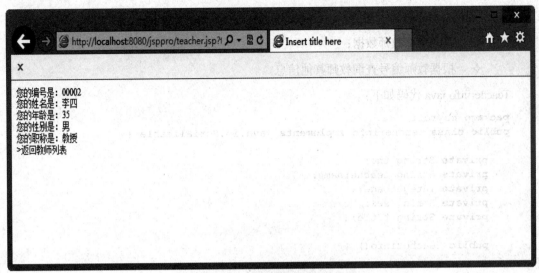

图 3.13　超链接的详情页面效果图

案例 3.4 的分析如下。

第一步：确定两个页面的数据来源。

第二步：呈现数据。

具体实现过程为：项目文件结构如图 3.14 所示。其中包括实体类、管理类及两个页面。

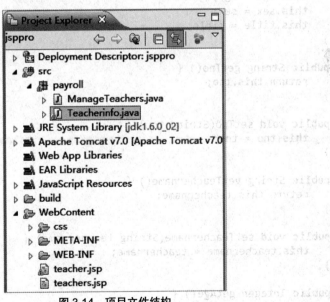

图 3.14　项目文件结构

具体如下。

- 实体类包含 Teacherinfo.java。

- 管理类（两个方法）包含：
  - ✧ 获取全部教师数据；
  - ✧ 根据教师编号查询教师其他信息。

Teacherinfo.java 代码如下：

```java
package payroll;
public class Teacherinfo implements java.io.Serializable {

    private String tno;
    private String teachername;
    private Integer age;
    private String sex;
    private String title;

    public Teacherinfo() {
    }

    public Teacherinfo(String tno) {
        this.tno = tno;
    }

    public Teacherinfo(String tno,String teachername,Integer age,String sex,
        String title) {
        this.tno = tno;
        this.teachername = teachername;
        this.age = age;
        this.sex = sex;
        this.title = title;
    }

    public String getTno() {
        return this.tno;
    }

    public void setTno(String tno) {
        this.tno = tno;
    }

    public String getTeachername() {
        return this.teachername;
    }

    public void setTeachername(String teachername) {
        this.teachername = teachername;
    }

    public Integer getAge() {
        return this.age;
    }

    public void setAge(Integer age) {
        this.age = age;
```

```
    }

    public String getSex() {
        return this.sex;
    }

    public void setSex(String sex) {
        this.sex = sex;
    }

    public String getTitle() {
        return this.title;
    }

    public void setTitle(String title) {
        this.title = title;
    }

}
```

ManageTeachers.java 代码如下（注意教师信息通过 ArrayList 存储）：

```
package payroll;

import java.util.ArrayList;

public class ManageTeachers {
    ArrayList<Teacherinfo> teachers;
    public ArrayList<Teacherinfo> getAllTeachers(){
        teachers = new ArrayList<Teacherinfo>();
        teachers.add(new Teacherinfo("00001","张三",27,"男","副教授") );
        teachers.add(new Teacherinfo("00002","李四",35,"男","教授"));
        teachers.add(new Teacherinfo("00003","王五",47,"女","副教授"));
        teachers.add(new Teacherinfo("00004","赵六",29,"男","教授"));
        teachers.add(new Teacherinfo("00005","孙七",28,"男","副教授"));
        return teachers;
    }

    public Teacherinfo getTeacher(String  sno){
        Teacherinfo t=null;
        for(Teacherinfo teacher:teachers){
            if (teacher.getTno().equals(sno))
                {t=teacher;break;}
        }
        return t;
    }
    public static void main(String[] args) {
    }
}
```

以上代码中的数据来源是集合对象,如果更换成数据库中的数据,那么需要修改哪些代码?
哪些代码可以保持不变?

teachers.jsp 代码如下（显示教师列表时，可将教师编号作为每一行超链接中的参数）：

```
<%@ page language="java" contentType="text/html;charset=utf-8"
    pageEncoding="utf-8"%>
        <%@ page import="payroll.*" %>
```

```jsp
            <%@page import="java.util.*" %>
<!DOCTYPE html PUBLIC "-//W3C//DTD HTML 4.01 Transitional//EN"
"http://www.w3.org/TR/html4/loose.dtd">
<html>
<head>
<meta http-equiv="Content-Type" content="text/html;charset=utf-8">
<title>Insert title here</title>
<link href ="css/page.css" rel="stylesheet" type="text/css"/>


</head>
<body>

<%

ManageTeachers m= new ManageTeachers();
ArrayList<Teacherinfo> teachers = m.getAllTeachers();

%>

  <table>
  <tr>
    <th>序号</th>
    <th>姓名</th>
    <th>详情</th></tr>
    <%
    for(int i=0;i<teachers.size();i++)
    {%>

    <tr>
    <td>第<%=i+1 %>个<br></td>
    <td><%=teachers.get(i).getTeachername()%></td>
    <td><a href =teacher.jsp?tno=<%=teachers.get(i).getTno() %>>进入</a></td>
    </tr><%
    }
    %>

</table>
</body>
</html>
```

teacher.jsp:

```jsp
<%@ page language="java" contentType="text/html;charset=UTF-8"
    pageEncoding="UTF-8"%>
        <%@ page import="payroll.*" %>
        <%@page import="java.util.*" %>

<!DOCTYPE html PUBLIC "-//W3C//DTD HTML 4.01 Transitional//EN"
"http://www.w3.org/TR/html4/loose.dtd">
<html>
<head>
<meta http-equiv="Content-Type" content="text/html;charset=UTF-8">
<title>Insert title here</title>
    <link href ="css/page.css" rel="stylesheet" type="text/css"/>
</head>
<body>
<%
```

```
request.setCharacterEncoding("UTF-8");
String tno = request.getParameter("tno");
%>
<%
ManageTeachers m= new ManageTeachers();
ArrayList<Teacherinfo> teachers = m.getAllTeachers();
Teacherinfo teacher= m.getTeacher(tno);
%>
```
您的编号是：<%=teacher.getTno()%>
您的姓名是：<%=teacher.getTeachername() %>
您的年龄是：<%=teacher.getAge() %>
您的性别是：<%=teacher.getSex() %>
您的职称是：<%=teacher.getTitle() %>

```
<a href =teachers.jsp>>返回教师列表</a>
</body>
</html>
```

request 对象：小项目：列表导航与详情设计

request 对象获取特殊的请求参数："一对多键-值"对

3.2 session 对象

【追根溯源】

HTTP 请求的工作具有"无连接"的特点。用户发送一个请求给 Web 服务器，Web 服务器就发送一个响应返回给用户，事务即结束。当用户发送另一个请求时，HTTP 协议将此作为一次新的请求。因此，要使得 Web 服务器和客户端"保持联系"，Web 应用中的登录信息，例如员工工号，这些数据可通过 session 对象来保存并访问，其他页面可以使用这些保存在 session 对象中的数据，而不需要用户在其他页面访问时再次输入登录信息。这需要提供一种机制：当用户访问网站一个以上页面的时候，为这个用户存储相关信息。

session 对象是与请求相关的 HttpSession 对象，内置变量名为 session。session 对象封装了属于客户会话的所有信息，它是一个 JSP 内置对象。在 JSP 页面第一次被访问时由 Web 服务器创建。当客户端关闭浏览器时，会话结束。

【聚沙成塔】

思考 session 对象 set/get 方法的参数和返回值类型。

数据除了存还有取，也就是说，除了写还有读。session 对象能够提供两个方法，以 set 开头的方法一般都是用来写入的，而以 get 开头的方法一般都是用来读取的。在实际应用中，我们需要将各种类型的数据存储到 session 对象中，如果为每一种类型的数据都去设计相应的"读"方法和"写"方法，那么将会有很多很多个 set 方法和 get 方法，所以 JavaEE 必须设计一种通用的方法，能够达到将不同类型的数据存储起来的目的。

在此我们可以看到,在"写"方法中写入什么类型的数据都可以用 object 来应对。要从 session 对象中读出不同类型的数据，都可以使用 object 作为方法的返回值类型来应对。session 对象实现了 HttpSession 接口。HttpSession 接口的设计者是不是非常聪明呢？

案例 3.5 对来自客户端同一个浏览器的用户访问次数进行统计。

分析：通过 session 对象存储计数值。设计一个键-值对，这个键对应的值根据计数的需要来不断更新。

关键代码如下：

```
<%
    Integer i = 0;
    i = (Integer) session.getAttribute("count");
    if (null == i){
        session.setAttribute("count",1);
        out.println("<h1>你第 1 位访问</h1>");
    }else{
        ++i;
        session.setAttribute("count",i);
        out.println("<h1>你第"+i+"次访问/h1>");
    }
%>
```

3.2.1 session 对象的重要方法

键-值对的写入和根据键来读取相应值是 session 对象的重要应用途径。下面重点介绍 HttpSession 接口的重要方法及返回值（见表 3.3）。

表 3.3 HttpSession 接口的重要方法

方法	描述
void setAttribute(String name,Object value)	将对应的键-值对存入 session 对象
Object getAttribute(String name)	从 session 对象中根据键返回值
Enumeration getAttributeNames()	从 session 对象中得到所有的键。这些键以 Enumeration 形式返回

session 对象概述

3.2.2　session 存储单个值

在开发 Web 应用程序时，如果需要存储单个值，如姓名、id、访问时间等单个数据的值，则可通过 session 对象的 setAttribute()方法直接写入具体的数据，而 getAttribute()方法通过数据类型转换可获取实际的数据。

案例 3.6　页面 1 将值存入 session 对象，并访问 session 对象，再将 session 对象的值显示在页面 2 中。

页面 1：将用户名和密码存储到 Web 服务器，代码如下：

```
<%
session.setAttribute("name","张三");
session.setAttribute("pass","778899");
session.setAttribute("age",18);
%>
```

其中："张三"是一个 String 类型的数据，18 是一个 int 类型的数据。

页面 2：访问 session 中存储的数据，代码如下：

```
<%
out.print (session.getValue("name"));
out.print(session.getAttribute("pass"));
int i=(Integer)session.getAttribute("age");
String name=(String)session.getAttribute("name");
%>
<%=session.getAttribute("pass") %>
```

其中：i 和 name 的值都是通过将 session 存储的数据进行向下类型的转换后，赋值得到。

案例 3.7　在 login.jsp 页面中输入用户名和密码，在 welcome.jsp 页面中输出欢迎语和登录的用户名。

页面运行效果分别如图 3.15 和图 3.16 所示。

图 3.15 login.jsp 页面运行效果图

图 3.16 welcome.jsp 页面运行效果图

login.jsp 代码如下：

```
<body>
<form action="login.jsp" method="post">
请输入姓名:<input type="text" name = "name"></input><br>
请输入密码:<input type = "password" name = "pass" value=></input><br>
<input type = "submit" value ="登录"></form>
<%if
((request.getParameter("name")!=null)&&(request.getParameter("pass")!=null)) {
session.setAttribute("name",(request.getParameter("name")));
session.setAttribute("pass",(request.getParameter("pass")));
%>
<jsp:forward page ="welcome.jsp"></jsp:forward><%} %>
</body>
```

welcome.jsp 代码如下：

```
<body>
<%
String loginname = null;
if (session.getAttribute("name") != null)
loginname = session.getAttribute("name").toString();
%>
欢迎你! <%=loginname %>
</body>
```

存储"键-值"对到 session 对象

3.2.3　session 存储对象

【追根溯源】

万物皆对象，对象的一个个的属性共同描述了一个对象，而这每一个属性又会是一个个具体的值。上节使用 session 的 setAttribute 方法，通过键-值对的形式将某个值存储到 session 中；而本节考虑的不是一个具体的值，而是一个对象。

单从数据的角度，一个对象将包含多个值，如果学会将对象作为键-值对中的"值"，可通过 setAttribute 方法来存储 session 对象，那么会大大加快开发效率。要将对象存储到 session，同样要给这个对象起一个键名，setAttibute 的第二个参数则是这个对象的对象引用名。

开发 Web 应用程序时，面对的数据常以复杂的对象存在，这些复杂的对象如果要在 Web 端通过 session 存储，则需要将对象引用变量作为键-值对中的"值"来存储。

案例 3.8　假设在编写页面 1 代码时需要存储数据：用户名"Jake"和密码"123"，在编写页面 2 代码时，程序应该如何设计呢？

分析：将用户名"Jake"和密码"123"设计为一个 userInfo 对象，再将 userInfo 对象存储到 session 中。session 对象中存储的键-值对的值是：整个 userInfo 对象的引用名。

页面 1：具体实现代码如下：

```
User user = new User("Jake","123");
session.setAttribute("userinfo",user);
```

页面 2：访问 session 中存储的数据，具体实现代码如下：

```
u = (User)(session.getAttribute("userinfo"));
欢迎你! <%=u.getName()%>
```

举一反三，请大家思考，能否将一个集合对象存储到 session 中呢？

3.2.4　访问 session 中的多个键-值对

通过 getAttributeNames 获得多个键，再通过这些"键"获得对应的值。

案例 3.9　在页面 List.jsp 中，使用多选框来设计需要选择的多种水果（见图 3.17）。页面 Choice.jsp 为购物车页面。购物车中存储了多种水果，这些水果可以设计为多个键-值对存储到 session 中。

图 3.17　水果选购页面效果图

选择水果的页面效果如图 3.18 所示。

图 3.18　选择水果的页面效果图

点击"加入购物车"按钮后，选中的水果加入购物车，如图 3.19 所示。

图 3.19　点击"加入购物车"按钮后，选中的水果加入购物车

购物车显示购物清单的页面效果如图 3.20 所示。

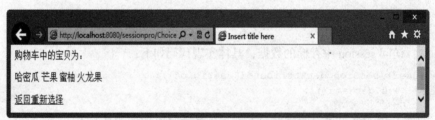

图 3.20　购物车显示购物清单的页面效果图

案例分析如下。

第一步：可设计两个页面，即商品选购页面和查看购物车页面。

第二步：使用 session 来存储购物车中的"水果"数据。

商品选购页面 List.jsp 的代码如下：

```
<body>
请选择需要购买的水果：<p>
<form action = "List.jsp" method = "post">
<input type = "checkbox" name = "choice" value = "芒果">芒果
<input type = "checkbox" name = "choice" value = "葡萄">葡萄
<input type = "checkbox" name = "choice" value = "哈密瓜">哈密瓜
<input type = "checkbox" name = "choice" value = "香蕉">香蕉
<input type = "checkbox" name = "choice" value = "火龙果">火龙果
<input type = "checkbox" name = "choice" value = "蜜柚">蜜柚
<input type = "submit" value = "加入购物车" name = "submit">
```

```
</form>
<%request.setCharacterEncoding("UTF-8");
String[] listName = request.getParameterValues("choice");
if (listName != null){
    for (int i = 0;i<listName.length;i++)
        session.setAttribute(String.valueOf(i),listName[i]);
}
%><p><a href="Choicelist.jsp">查看购物车</a>
```

查看购物车页面 Choicelist.jsp 的代码如下：

```
<body>
<%
request.setCharacterEncoding("UTF-8");
Enumeration<String> enumlist = session.getAttributeNames();
%>
购物车中的宝贝为：<p>
<%
while (enumlist.hasMoreElements()){
    String key = enumlist.nextElement();
    String value = session.getAttribute(key).toString();
    out.println(value);
}
%>
<p>
<a href = "List.jsp">返回重新选择</a>
</body>
```

如果将案例 3.9 中的登录数据也存储到同一个 session 对象中，session 对象中既可以放入登录数据，又可以放入多种水果数据，那么如何实现编码呢？

同时具备用户信息和选购信息的页面效果如图 3.21 所示。

图 3.21　同时具备用户信息和选购信息的页面效果图

存储"键-值（对象）"对到 session 对象

3.2.5 综合项目 2：果卉团-选购功能设计与实现

"新冠"疫情期间衍生出了新型生鲜购买模式——"果商-社区"模式，果卉团是一个为社区居民提供水果、蔬菜等的销售服务平台。某社区果商主要出售 4 种水果：苹果（apple）、香蕉（banana）、梨（pear）、菠萝（pineapple）。该项目主要针对这 4 种水果，重点设计销售平台的选购功能，便于用户通过互联网访问时，能快捷、直观地选择水果、查看购物清单并下单。

1. 需求分析

功能分析：让各社区居民知晓果商的 4 种水果，并由用户提交水果订单以及用户查看相应的订单数等是选购的重要功能。

数据分析：用户下单时，需要考虑的相关信息包括每种水果的名字（含中文名和英文名）、购买数量、图片等。这些信息应在页面上体现出来。

2. 果卉团-选购功能设计

页面设计：①根据"用户提交水果订单"的功能需求，应设计一个"选购"的功能页面，页面名为 fruitslist.jsp。②根据"用户查看相应订单数据"的功能需求，应设计一个"查看购物车"的功能页面。页面名为 seeit.jsp。

关键设计环节：将用户选购的水果数据存放到"购物车"，用户可以查看"购物车"。该"购物车"可以通过 session 机制来实现。

3. 功能实现

根据选购功能设计的完善程度，可尝试迭代式开发三个版本的功能设计和实现。

1）版本 1：选购功能仅提供水果英文名

（1）设计效果。

选择水果后的设计效果如图 3.22 所示。

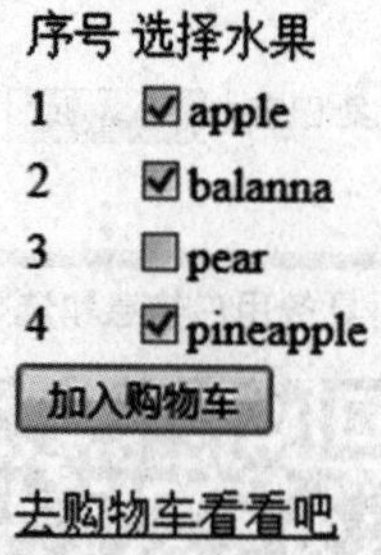

图 3.22　选择水果后的设计效果

选择水果后，进入购物车页面，如图 3.23 所示。

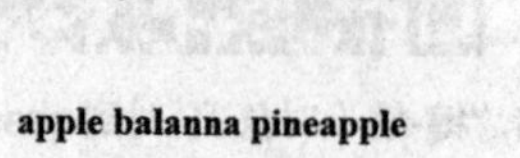

你好,您购买的物品是：

apple balanna pineapple

图 3.23　选择水果后，进入购物车页面的效果

（2）关键设计思路及源码展示。

四种水果名可用一个 String[]表示，源码如下：

```
String[] fruits={"apple","balanna","pear","pineapple"};
```

fruitslist.jsp 的界面设计源码如下：

```
<body>
<form>
<table style="border:2px solid;color:red;">
    <tr><td>序号</td><td>选择水果</td></tr>
    <%
    String[] fruits={"apple","balanna","pear","pineapple"};
    for(int i=0;i<fruits.length;i++){
    %>
        <tr>
        <td>
        <%=i+1 %>
        </td>
        <td>
        <input type="checkbox" name="select" value=<%=fruits[i] %>><%=fruits[i] %>
        </td>
        </tr>
        <%
    }
    %>
</table>
<input type="submit" value="加入购物车">
</form>
</body>
```

通过 request 获得用户的选择项目，再转储到 session 中，具体源码如下：

```
<%
if (request.getParameterValues("select")!=null){
    session.setAttribute("all",request.getParameterValues("select"));}
%>
```

购物车页面的关键代码如下：

```
<%
String[] arr= (String[])(session.getAttribute("all"));
for(int j=0;j<arr.length;j++){
%>
<%=arr[j] %>
<%} %>
```

2）版本 2：选购功能更加丰富、可以提供水果及数量供用户选择

提供水果名、数量的选购功能设计效果如图 3.24 和图 3.25 所示。

图 3.24　提供水果名、数量的选购功能设计效果图（一）

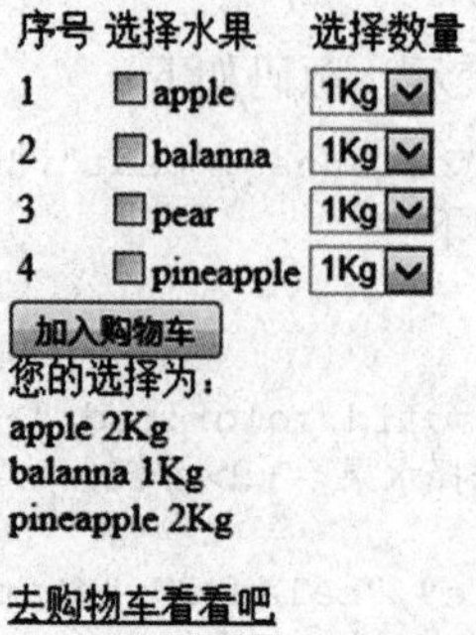

图 3.25　提供水果名、数量的选购功能设计效果图（二）

关键源码如下：

```jsp
<body>
<form action="fruitslist.jsp">
<table>
<tr><td>序号</td><td>选择水果</td><td>选择数量</td></tr>
<%
String[] fruits={"apple","balanna","pear","pineapple"};
for(int i=0;i<fruits.length;i++){
%>
<tr>
<td><%=i+1 %></td>
<td><input type="checkbox" name="select"
value=<%=fruits[i] %>><%=fruits[i] %></td>
<td><select name="<%=fruits[i]+"num"%>">
        <option value="1">1Kg</option>
<!--此处各选项可通过 for 循环实现-->
        <option value="2">2Kg</option>
    </select>
</td>
</tr>
<%} %>
</table>
<input type="submit" value="加入购物车">
</form>
<%
if (request.getParameterValues("select")!=null){
    session.setAttribute("all",request.getParameterValues("select"));
%>
您的选择为：<br>
<%
String[] arr= (String[])(session.getAttribute("all"));
for(int j=0;j<arr.length;j++){
    session.setAttribute(arr[j]+"num",request.getParameter(arr[j]+"num"));
%>
<%=arr[j] %>
<%=session.getAttribute(arr[j]+"num") %>Kg<br>
<%}} %>
<br>
<a href="seeit.jsp">去购物车看看吧</a>
```

```
</body>
```

3）版本 3：选购功能除提供水果及数量供用户选择外，还提供直观的水果图片，更利于用户个性化需求选购

提供水果名、数量及图片的选购功能效果如图 3.26 所示。

快来选购啊！

图 3.26　提供水果名、数量及图片的选购功能效果图

关键思路：图片名可以设置为 apple.jpg、balanna.jsp 等，这样就可以通过 for 循环动态生成 img 标记。

小项目：果卉团-选购功能设计与实现

3.3　out 对象

服务器内置的输出对象能发送文本，而文本可作为页面的一部分。该隐式对象有两个重要的方法 print() 和 println()，它们将给 Web 文档添加文本。

这个输出对象为 JspWriter 对象，内置名为 out。有多个重载方法 print()，用于向客户端输出数据。

案例 3.10　通过 out 在 JSP 页面输出 Hello、Everyone!

```
<%out.println("Hello")%>
<%out.print("Everyone")%>
```

```
<%out.print("!")%>
```

分析：浏览器执行如下代码：

```
Hello
Everyone!
```

页面显示为：

```
Hello Everyone!
```

当浏览器收到一个换行标记时，此浏览器将通过一个空格来体现这个换行。

out 对象在页面"输出"文本中所起的作用与 JSP 代码表达式片段的效果一样。

案例 3.11 将变量值和其他文本拼接后，通过 out 对象"输出"到页面中。

代码如下：

```
<body>
<%request.setCharacterEncoding("UTF-8");%>
<%
String name = request.getParameter("name");
int length = name.length();
String collegeName = request.getParameter("collegeName");
%>
你好，来自<%=collegeName %>的<%=name %>，<br>你的名字好长啊，有<%=length %>个字!
你好，来自<% out.print(collegeName);%>的<% out.print(name);%>，<br>你的名字好长啊，
有<% out.print(length);%>个字!
</body>
```

3.4 application 对象

3.4.1 概述

【追根溯源】

application 对象和 session 对象都可以用来存储数据，甚至它们存储数据的方法都一模一样，例如 getAttribute setAttribute，而且这两个方法是我们使用 application 对象或者 session 对象出现频率最高的方法，session 是指在会话期为用户存储信息，而 application 是指在整个应用程序的运行期为所有的用户存储共享的信息。

如何区分不同的用户呢？从字面上来看，使用不同计算机的人去上网，那么这些不同的人（他）就是不同的用户，不同的计算机用的是不同的 IP 地址，但 Web 服务器用来区分不同的用户，除了考虑不同的 IP 地址外，还要考虑在同一台计算机上是否使用了不同的浏览器软件。

因为 Web 应用程序是通过浏览器来运行的，所以在同一台计算机上如果使用了不同的浏览器软件，将会被视为不同的用户。

session 就是为不同的用户来存储信息的，理解了这一点就能灵活实现相应的应用程序功能。

session 对象是针对用户而存在的内置对象。application 对象只有一个，可被所有用户共享。application 是 JSP 提供的内置对象引用名，对应 ServletContext 对象。

3.4.2 application 对象的重要方法

application 对象包含的重要方法如表 3.4 所示。

表 3.4 application 对象的重要方法

方法	描述
Object getAttribute(String name)	从 application 对象中根据键返回值
void setAttribute(String name,Object object)	将对应的键-值对存入 application 对象

案例 3.12 通过 application 对象实现计数器的功能。该计数器将对整个应用程序在服务器端运行期间所有用户的访问进行计数累加。

参考代码如下：

```
<body>
<% Integer i = 0;
   i = (Integer) application.getAttribute("count");
 if (null == i){
    application.setAttribute("count",1);
    out.println("<h1>你是第1位访问者</h1>");
    }else{
    ++i;application.setAttribute("count",i);
    out.println("<h1>你是第"+i+"位访问者</h1>");
 } %></body>
```

访问计数页面的效果如图 3.27 所示。

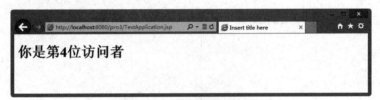

图 3.27 访问计数页面效果图

application 对象

3.4.3 综合项目 3：Web 留言板

案例 3.13 实现 Web 留言板的功能。希望每一次的留言都能够存储在服务器上。可以选用

application 对象，只要服务器不关闭，整个应用程序执行期间的留言信息都是存在的。

留言板的页面效果如图 3.28 所示。

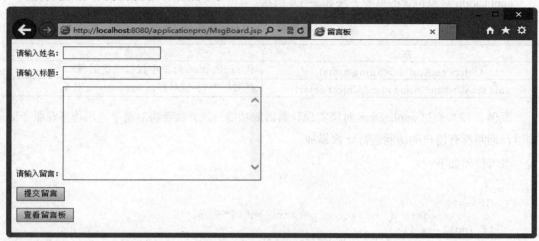

图 3.28　留言板的页面效果图

在留言板中录入信息的页面效果如图 3.29 所示。

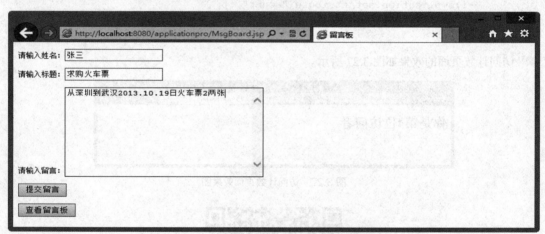

图 3.29　在留言板中录入信息的页面效果图

提交留言后的提示保存页面效果如图 3.30 所示。

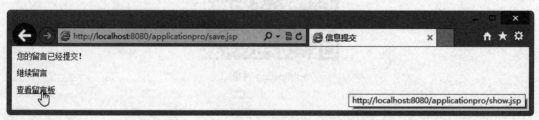

图 3.30　提交留言后的提示保存页面效果图

留言板的留言列表效果如图 3.31 所示。

图 3.31　留言板的留言列表效果图（一）

点击"继续留言"按钮后，新增加的留言信息会出现在留言列表中，如图 3.32 所示。

图 3.32　留言板的留言列表效果图（二）

实现后的留言板项目列表如图 3.33 所示。

图 3.33　留言板项目列表

留言板的实现过程如下。

（1）每个留言信息均包括姓名、标题、留言内容、留言时间，可以设计一个类，代码如下：

```java
package dao;
public class Message {
private String name;
private String msgtitle;
private String msg;
private String time;
public String getName() {
return name;
}
public void setName(String name) {
this.name = name;
```

• 117 •

```
}
public String getMsgtitle() {
return msgtitle;
}
public void setMsgtitle(String msgtitle) {
this.msgtitle = msgtitle;
}
public String getMsg() {
return msg;
}
public void setMsg(String msg) {
this.msg = msg;
}
public String getTime() {
return time;
}
public void setTime(String time) {
this.time = time;
}
}
```

（2）提交留言时，信息应该保存在 application 服务器对象中。

留言信息会有多个，即要保存多个留言对象，可以通过 ArrayList 对象保存。这样，当application 对象按键-值对来保存时，类似于以下代码：

```
application.setAttribute("msg",list);
```

其中："msg"是键；list 是 ArrayList<Message>类型的引用变量。

msgBoard.jsp 代码如下：

```
<form action = "save.jsp" name= "msgsubmit" method = "post">
<p>请输入姓名：<input type = "text" name = "name">
<p>请输入标题：<input type ="text" name ="msgtitle">
<p>请输入留言：<TextArea name = "msg" rows = "10" cols = 36></TextArea>
<p><input type = "submit" value = "提交留言" name = "submit">
</form>
<form action = "show.jsp" name = "show" method = "post">
<input type = "submit" value = "查看留言板" name = "submit">
</form>
```

save.jsp 代码如下：

```
<%
request.setCharacterEncoding("UTF-8");
String name = request.getParameter("name");
String msgtitle = request.getParameter("msgtitle");
String msg = request.getParameter("msg");
Message m = new Message();
m.setMsg(msg);m.setMsgtitle(msgtitle);m.setName(name);
    m.setTime(new Date().toString());
ArrayList<Message> list=null;
if ((application.getAttribute("msg") == null))
    list = new ArrayList<Message>();
else
    list = (ArrayList<Message>)(application.getAttribute("msg"));
list.add(m);
application.setAttribute("msg",list);
```

```
out.println("您的留言已经提交! ");
%>
```

查看留言信息时，需要从 application 对象中获取 ArrayList 集合，关键代码如下：

```
ArrayList<Message> list =
    (ArrayList<Message>)(application.getAttribute("msg"));
```

show.jsp 的完整代码如下：

```
<%
ArrayList<Message> list =
    (ArrayList<Message>)(application.getAttribute("msg"));
%>
  <table >
  <tr>
    <th>序号</th>
    <th>姓名</th>
    <th>标题</th>
    <th>留言内容</th>
    <th>留言时间</th>
  </tr>
    <%
    for(int i=0;i<list.size();i++)
    {%>
      <tr>
    <td>第<%=i+1 %>个<br></td>
    <td><%=((Message)(list.get(i))).getName()%></td>
    <td><%=((Message)(list.get(i))).getMsgtitle()%></td>
    <td><%=((Message)(list.get(i))).getMsg()%></td>
    <td><%=((Message)(list.get(i))).getTime()%></td>
    </tr><%
    }
    %>

</table>
<a href = "MsgBoard.jsp">继续留言</a>
</body>
```

3.5　响应对象 response

response 内置对象实现了 HttpServletReponse 接口，是一个响应对象。

用户可以利用 Web 浏览器向服务器端发送请求，而服务器端从用户那里收到请求时，可以通过调用与 request 对象有关的方法来获得关于请求的信息；然后，当服务器端处理完请求准备构成响应时，也可以通过调用与 response 对象相关的方法来设置响应的特性。

与 request 对象不同，服务器是不处理响应的。服务器的工作只是构成响应，再通过输出流返回应答。

重定向用户时，代码如下：

```
response.sendRedirect(String newUrl);
```

页面未找到时，代码如下：

```
response.sendError(404);
```

3.6 page 对象和 pageContext 对象

page 对象是 JSP 实现类的实例，是 JSP 页面本身。

pageContext 对象的主要功能是访问 JSP 中已命名的对象。

3.7 config 对象

config 对象实现了 ServletConfig 接口，是用于表示 Servlet 配置信息的对象。当初始化 Servlet 时，容器将一些信息通过 config 对象传递给 Servlet。config 对象的常用方法包括获取 Servlet 上下文、Servlet 服务器名、服务器所有初始参数名等。

3.8 exception 对象

exception 是指运行时的异常情况，为 java.lang.Throwable 的实例。只有使用 exception 对象所在页面的指令 isErrorPage="true"时才能使用。

3.9 综合项目 4：Web 工资计算

3.9.1 功能简述

本节设计一个基于 Web 应用的工资计算程序。本程序采用网页的形式进行工资基本数据录入，采用网页的形式计算结果并输出。将工资计算的逻辑封装在 Java 类中。设计 JSP 页面结合 Java 类来共同完成基于 Web 的工资计算程序。

如果将工资管理信息系统的数据录入方式改为通过 Web 页面进行数据输入，并通过 Web 页面进行数据输出。

输入基本信息后的页面如图 3.34 所示。

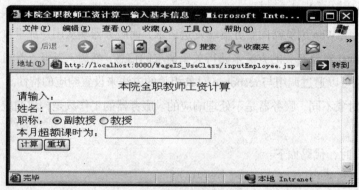

图 3.34 输入基本信息页面

在姓名后的文本框中输入"张三"、职称选择为"副教授"、本月超额课时数输入为"12"等，结果如图 3.35 所示。

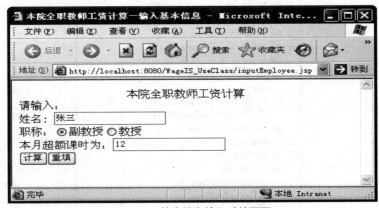

图 3.35　基本信息输入后的页面

点击"计算"按钮后，出现工资计算结果输出页面，如图 3.36 所示。

图 3.36　工资计算结果输出页面

3.9.2　具体步骤及关键代码

在新建的 Web 项目中，在 src 节点下新建 HandlePayroll 包和三个类，即 Employee 类、FulltimeTeacher 类、ParttimeTeacher 类，如图 3.37 所示。

这三个类用于封装工资计算的逻辑。所有 Java 类代码（扩展名为".java"的文件）均放置在 src 节点下，便于整个 Web 项目的管理。

这三个类的代码，也就是.java 文件放置在 HandlePayroll 包中。该包下的三个.java 文件均与第 3 章中的代码一致，此处不再赘述。

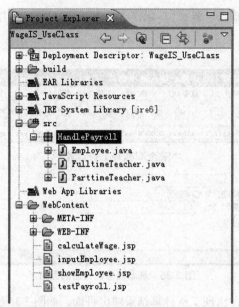

图 3.37　源文件组织一览

在图 3.37 中还可以看到 WebContent 这个节点，.jsp 文件即位于此目录下。

inputEmployee.jsp 文件用于从页面输入数据。我们可以设计 Form 等元素来实现输入页面。

inputEmployee.jsp 文件的代码如下：

```
<%@ page language = "java" contentType = "text/html;charset = GBK"
    pageEncoding="GBK"%>
<!DOCTYPE html PUBLIC "-//W3C//DTD HTML 4.01 Transitional//EN"
"http://www.w3.org/TR/html4/loose.dtd">
<html>
<head>
<meta http-equiv = "Content-Type" content = "text/html;charset = GBK">
<title>本院全职教师工资计算—输入基本信息</title>
</head>
<body>
<form id='form1' method = "post" action = testPayroll.jsp>
    <div style = "text-align:center">本院全职教师工资计算</div>
    请输入：<br>
    姓名:<input name = "employeeName" type = "text"><br>
    职称: <input name = "employeeTitle" type = "radio" value = "副教授"
    checked = "checked">副教授<input name = "employeeTitle" type = "radio"
    value = "教授">教授<br>
    本月超额课时为: <input name = "employeeExtraClasshour" type = "text"><br>
    <input name = "CalculateWage" type = "submit" value = "计算"><input name =
        "reset" type = "reset" value = "重填"><br></br>
</form>
</body>
</html>
```

testPayroll.jsp 文件将使用 HandlePayroll 包中的 FulltimeTeacher 类来完成工资的计算，因此，在 testPayroll.jsp 文件中可以看到：

```
<%@page import = "HandlePayroll.FulltimeTeacher" %>
```

这是表明 FulltimeTeacher 类的实例可用于本页面，也就是本页面可以使用 FulltimeTeacher 类完成工资计算。

testPayroll.jsp 文件的代码如下：

```
<%@ page language = "java" contentType = "text/html;charset=gbk"
    pageEncoding = "gbk"%>
    <%@page import = "HandlePayroll.FulltimeTeacher" %>
<!DOCTYPE html PUBLIC"-//W3C//DTD HTML 4.01 Transitional//EN"
"http://www.w3.org/TR/html4/loose.dtd">
<html>
<head>
<meta http-equiv = "Content-Type" content = "text/html;charset=gbk">
<title>工资计算结果</title>
</head>
<body>
<%
FulltimeTeacher pt2 = new FulltimeTeacher("张三","副教授");

pt2.setExtraclasshour(10);
pt2.calculateWage();
%>
该全职教师是: <%=pt2.getName() %><br></br>
他的职称是: <%=pt2.getTitle() %><br></br>
本月他完成的超额课时数为:<%=pt2.getExtraclasshour() %><br></br>
工资计算后应为: <%=pt2.getWage() %><br></br>
</body>
</html>
```

【科技载道】

个人要发挥作用，必须遵守统一的规则。

社会要保持高效运转，要建立公共机构和各类保障措施。

应用程序要能保证良好运行，需要系统设置的各类内置对象去支持。

擅于使用内置对象提供的方法，合理运用这些内置对象，是设计良好应用程序的重要基础。

习题三

1.通过 request 对象编程实现 Web 计算器程序。参考页面效果如图 3.38 至图 3.40 所示。

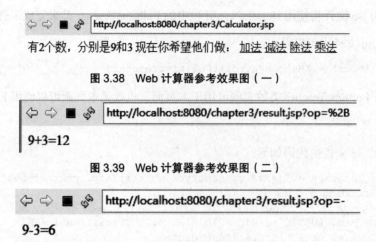

图 3.38　Web 计算器参考效果图（一）

图 3.39　Web 计算器参考效果图（二）

图 3.40　Web 计算器参考效果图（三）

2.完成 Web 大学生消费水平调查问卷。

该 Web 页面应能为用户提供交互式调查问卷信息，且能将用户提交的问卷数据进行预览。

问卷要求至少包含 3 道问卷题型，问卷题型包括填空题、单选题、多选题等。问卷题目自拟。

可进一步完善第 1 章"综合项目：大学生消费水平调查问卷网页设计"的设计。增加调查问卷提交后的问卷详情页面预览功能即可。

第 4 章 Servlet 基础

4.1 Servlet 概述

【追根溯源】

JSP 技术是我们作为开发者，为了更好地结合 HTML 和 Java 语言来编写应用程序而使用的，JSP 页面也是可以在网络上对客户端请求进行响应的服务程序。本章所述的 Servlet 和 JSP 都是通过网络协议对客户端请求进行响应的服务程序，它们都是用户可以在浏览器端通过浏览器去访问的那些应用程序。

例如用户在页面上点击某一个按钮；又或者例如，用户在地址栏输入想要访问的网站的网址去获得想要的页面；再例如，用户在页面上点选了某个超级链接，这是对 Web 服务器发出了请求，Web 服务器会去找到相应的 JSP 应用程序，或者去找到相应的 Servlet 应用程序，然后来执行。最终将执行后的结果发送回客户端，完成对客户端请求的响应。

4.1.1 Web 服务器

Web 服务器在这里不是指计算机硬件，而是服务器软件，是指能够接收 Http 协议请求，提供给用户网页、图片、多媒体等信息的服务软件。在 Java EE 平台上，只是对 Web 服务器需要提供的功能进行了规范的定义，而并未规定如何实现，所以满足 Java EE 平台 Web 服务器规范的服务器软件有很多种，常见的 Java EE 平台 Web 服务器软件有 Tomcat、JBoss、Resin、GlassFish 等。通常配置较简单、调试也比较方便的是 Tomcat。所以，本书中主要使用 Tomcat 作为 Web 服务器软件。由于 Tomcat 是使用 Java 语言编写的，所以要让它运行起来，就必须配置相应的 Java 运行环境（Java SDK 或 JRE），具体如何配置与安装已在第 2 章介绍。

4.1.2 Servlet 容器

Servlet 容器是 Web 服务器的一部分。一个 Servlet 容器可以管理所有运行在服务器端的 Servlet 程序，并控制这些 Servlet 程序的整个生命周期，这是 Web 服务器最重要的功能。每个 Servlet 容器代表一个能够处理某个 Web 请求的服务处理程序，Web 服务器对这些处理程序进行调度、资源分配等操作。换句话说，没有 Servlet 容器，Web 服务器就无法工作。

4.1.3 Servlet 概念

在 Java EE 平台中，Servlet 是指能通过某种网络协议对客户端请求进行响应的服务程序。Servlet 是一个抽象类，HttpServlet 是它的重要子类。Servlet 是专门用于处理 Http 协议的，即运行在 Web 服务器中专门处理 Web 请求的程序。未经说明，上下文中所指的 Servlet 均指 HttpServlet 这个子类。Servlet 接受来自网络的 HTTP 请求（客户端浏览器提交的表单、客户端浏览器提供的网络地址或者文件），并对不同的请求作出不同的响应。Servlet 能够生成动态内容，如生成一个 Web 页面，也可以根据需要选择不同的静态页面并返回给客户端，如根据用户的 id 返回该用户对应的论坛头像。

Servlet 可使用 Java 语言的一切优点，如平台无关性，能使用 Java EE 平台提供的功能丰富的 API 进行开发；可以方便将应用逻辑封装到 Servlet 中，让客户端页面能更好地隔离应用逻辑；使应用程序的层次更清晰。

JSP 技术是 Servlet 的扩展技术，可以更好地支持 HTML 和 XML，网页模板数据和动态内容更容易结合在一起。相比第 3 章纯 JSP 页面的工资计算页面，本章将提供使用 Servlet 进行开发的示例程序，将原来 JSP 页面的部分逻辑抽离出来放入 Servlet 中。这样，可使 JSP 页面更精简、逻辑更清晰、程序的扩展性和伸缩性得到提升、可维护性更强。

Servlet 概述

4.2 Servlet 的生命周期

4.2.1 生命周期概述

当客户端发送 HTTP 请求时，Web 服务器将创建对应的 Servlet 实例，默认第一次请求时才会创建。在创建过程中，Web 服务器将调用 Servlet 对象的 init()方法、初始化 Servlet 的信息及运行环境上下文。init()方法只会在创建后被调用一次。对 Servlet 的其他任何调用都要在 init()方法执行结束之后才能处理。一般可以在 init()方法里实现对 Servlet 处理必须的环境设置。

Servlet 在 Web 容器中运行时，Web 服务器将会调用 service()方法或 doGet()方法、doPost()方法来处理请求。Web 容器可以容纳多个 Servlet 同时运行，并且允许 Servlet 类的不同实例同时在内存中存在与执行，即不同用户的同一个 HTTP 请求可以同时被服务，这也是 Java EE Web 服务器的一个重要特性。

当 Servlet 运行得出结果后，Web 服务器将该结果返回给客户。

最后，在客户服务器处理完毕后，Web 服务器将 Servlet 在 Web 容器中保持一段时间，在该持续时间内没有需要该 Servlet 进行处理的 Web 请求时，Web 服务器会调用 destroy()方法来销毁 Servlet 对象，并将其从 Web 容器中移除。图 4.1 所示为 Servlet 的生命周期示意图。

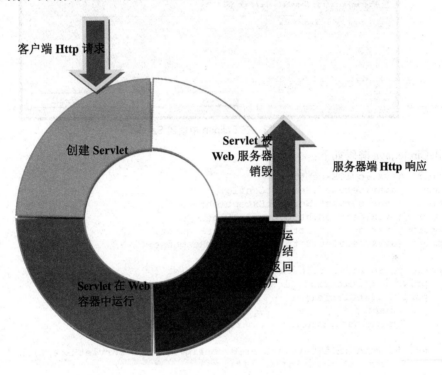

图 4.1   Servlet 的生命周期示意图

4.2.2   生命周期实例

案例 4.1   编写一个 Servlet 的实例 LifeCircle，观察各个关键方法被调用后的执行结果，理解 Servlet 的生命周期。

新建 Dynamic Web Project，项目名为 Servlet_Output，在默认的包下点击右键→new→servlet，出现如图 4.2 所示的窗口，在 Class name 后面的广本框中输入"LifeCircle"。

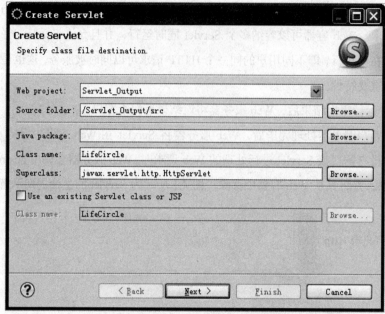

图 4.2　在 Eclipse 中新建 Servlet

LifeCircle.java 源码如下：

```java
import java.io.IOException;
import javax.servlet.ServletConfig;
import javax.servlet.ServletException;
import javax.servlet.http.HttpServlet;
import javax.servlet.http.HttpServletRequest;
import javax.servlet.http.HttpServletResponse;

public class LifeCircle extends HttpServlet {
    private static final long serialVersionUID = 1L;
    public LifeCircle() {
        super();
        System.out.println("Construct!");
    }
    public void init(ServletConfig config) throws ServletException {
        System.out.println("init!");
    }
    public void destroy() {
        System.out.println("destroy!");
    }

    protected void doGet(HttpServletRequest request,HttpServletResponse
response) throws ServletException,IOException {
        System.out.println("get!");
    }
protected void doPost(HttpServletRequest request,
    HttpServletResponse response) throws ServletException,IOException {
        System.out.println("post!");
    }
}
```

启动 Tomcat 服务器后，在浏览器地址栏中输入：

```
http://localhost:8080/Servlet_Output/LifeCircle
```

在控制台窗口中可以依次看到：

```
Construct!
init!
get!
```

当刷新该页面时，会发现控制台新增一行：

```
get!
```

从控制台窗口中的提示可以看到 init()方法在 Servlet 创建后只会执行一次，刷新页面属于对服务器的请求，所以 Web 服务器将会调用 doGet()方法，"get!"会被再次输出。

Servlet-生命周期

【聚沙成塔】

由 Servlet 的生命周期理解 Java Web 页面/程序的启动/运行。

当浏览器端的用户去向 Web 服务器发送请求的时候，Web 服务器会根据客户端的请求在服务器上找到相应 Servlet 的类，找到相应的类之后，会创建它的对象，然后调用它的方法并执行，执行的结果往往是实现用户所需要请求的结果页面。

当服务器对用户完成响应之后，被 Web 服务器创建的这个 Servlet 的对象不会马上消亡，还会在服务器中存在着，如果客户端再次对该 Servlet 发送请求，那么 Serlvet 容器将会直接去执行这个 Servlet 的相应的方法，然后由这个方法来完成对用户所请求内容的响应。

4.2.3　Servlet 接口和 HttpServlet 类

所有 Servlet 程序必须继承 HttpServlet 类或其派生类；HttpServlet 类实现了 Servlet 接口，init()方法和 destroy()方法即定义在该接口中。

HttpServlet 类中有两个方法 doGet()和 doPost()，两个方法会根据客户端浏览器的 HTTP 请求的不同而被执行：

```
protected void doGet(HttpServletRequest req,HttpServletResponse resp);
```

doGet()方法由 Web 服务器调用，可以让 Servlet 处理 HTTP 的 Get 请求。

```
protected void doPost(HttpServletRequest req, HttpServletResponse resp)
```

doPost()方法由 Web 服务器调用，可以让 Servlet 处理 HTTP 的 Post 请求。

服务器实际上是通过 Servlet 的 Service 方法来调用上述两个方法的。HttpServlet 派生类对 Service 方法进行了重写，针对 HTTP 请求的不同种类调用不同的方法。这也是需要一个抽象 Servlet 类的原因，当未来的网络协议发生变化时，只需要定义针对新协议的派生类就可以实现功能，而不必重新从头开始实现。

在例子 LifeCircle 中，doPost()方法没有被执行，因为直接从浏览器地址栏进行 URL 请求，即默认为客户端的 Get 请求。

一般情况下，Servlet 开发者需要覆盖 doGet()方法和 doPost()方法来实现应用的要求。

4.2.4 Servlet 的基本配置

在程序中书写的 Servlet 代码并不能直接被 Web 服务器用来提供网络服务，还需使用 Web 配置文件（即 web.xml 文件）对 Servlet 进行配置。Servlet 必须在 web.xml 文件中有以下两个配置。

（1）Servlet：用于说明该 Servlet 的名称、显示名称以及对应的 Java 实现类。servlet-name 节点是 Servlet 的正式名称，这个名称必须由开发者自己选取合适的名称来定义。Servlet 将用来在 servlet-mapping 中进行网址处理映射。在 servlet-class 节点中则是 Servlet 的实际代码类，这个代码类包含完整的包名。display-name 节点则是为了管理而设置的，可以不必书写。

如果在默认包中新建一个 Servlet，取名为 OutputWelcome，则对应的配置如下：

```
<servlet>
  <description>
  </description>
  <display-name>OutputWelcome</display-name>
  <servlet-name>OutputWelcome</servlet-name>
  <servlet-class>OutputWelcome</servlet-class>
</servlet>
```

如果在包 ServletPack 中新建一个 Servlet，取名为 OutputWel，则对应的配置如下：

```
<servlet>
  <description>
  </description>
  <display-name>OutputWel</display-name>
  <servlet-name>OutputWel</servlet-name>
  <servlet-class>ServletPack.OutputWel</servlet-class>
</servlet>
```

（2）servlet-mapping：用于说明该 Servlet 将映射到服务器上哪个网址进行处理。可以是一个具体的网址，也可以是用通配符表示的一组网址。我们通常进行一对一的映射。在网址映射中，"/"表示该服务器对应的 Web 应用程序的根目录。例如，若开发的网站名称为 teacher，则 /OutputWelcome 表示网址 http://*服务器地址*/teacher/OutputWelcome。

下面是一个 Servlet 在 web.xml 中的映射配置，只有在 web.xml 中出现该配置信息后，http:// *服务器*/teacher/OutputWelcome 这个网址才能被访问，否则会出现"404 文件未找到错误报告"

页面。代码如下：

```
<servlet>
        <description>
        </description>
        <display-name>OutputWelcome</display-name>
        <servlet-name>OutputWelcome</servlet-name>
        <servlet-class>
        OutputWelcome</servlet-class>
    </servlet>
    <servlet-mapping>
        <servlet-name>OutputWelcome</servlet-name>
        <url-pattern>/OutputWelcome</url-pattern>
    </servlet-mapping>
```

根据如上配置，在本机中将 OutputWelcome 这个 Servlet 进行调试，项目名为 teacher，则 Servlet 对应的网址是：

```
http://localhost:8080/teacher/OutputWelcome
```

如果将上述配置改成如下阴影处所示：

```
<servlet-mapping>
    <servlet-name>OutputWelcome</servlet-name>
    <url-pattern>/Welcome/OutputWelcome</url-pattern>
</servlet-mapping>
```

则对应的网址如下：

```
http://localhost:8080/teacher/Welcome/OutputWelcome
```

如果开发使用的 Eclipse 版本为 Eclipse Java EE IDE for Web Developers，通过向导在 Project 中新建一个 Servlet，则这个配置文件的信息会自动生成在 web.xml 文件中。

【聚沙成塔】

Servlet 为什么要写成是 HTTPServlet 的子类？

前面已经了解了 JSP 就是 HTML 和 Java 语言的结合体，编写出来的应用程序以 "jsp" 作为扩展名而存在。而 Sevelt 就是一个 Java 的类，且这个类必须继承自 HTTPServlet 这样的一个抽象类。换句话说，虽然 Servlet 是一个实实在在的 Java 的类，但这个类是很有特点的，它必须是 HTTPServlet 这样一个 Web 服务器实现的抽象类的子类。我们要记住这个特点。

之所以 Servlet 一定要写成是 HTTPServlet 的子类，是为了让 Web 应用服务器对于不同应用编写的 Servlet 程序来进行通用处理。

因此所有编写的 Servlet 程序都是 Web 服务器用来处理外部请求用的，那么一定要按照 Web 服务器的规范要求来编写相应的为了外部请求的特殊的 Java 的类。正是因为 Servlet 是一个特殊的 Java 的类，所以 Web 服务器中的 Servlet 容器可以用来对我们所编写的 Servlet 应用程序进行控制。

前面已经了解了 Web 服务器，例如 Tomcat，Servlet 容器是 Web 服务器的一部分功能，它就是专门用来控制程序员所编好的这些 Servlet 应用程序的生命周期，它会将这些 Servlet 应用程序根据用户的请求来进行定位，然后创建这些 Servlet 的应用程序的对象，再去调用其中的方法。这些方法执行完毕后，就能够对客户端的不同请求做出不同的响应，再生成动态的页面，例如生成一个 Web 页面。

4.3 Servlet 发送页面到客户端

4.3.1 Servlet 的调用过程

用户通过浏览器向 Web 服务器发送请求，如 http://localhost:8080/项目名/*.html，这些 html 文件均为存放于 Web 服务器上的静态资源。如果需要动态资源，例如：

http://localhost:8080/Servlet_Output/Servlet_Name

其中，Servlet_Name 即为存放于服务器上的 Servlet 程序对应的名字。

为了访问 Servlet 程序，服务器会根据 URL 请求中的 Servlet_Name 来定位到服务器中相应的 Servlet 的文件并执行，Servlet 程序中的 get 方法可加入用于发送给客户端页面的功能代码。请参见案例 4.2。

4.3.2 Servlet 发送页面到客户端实例

案例 4.2 新建一个项目，名为 Servlet_Output，在该项目中新建一个 Servlet，名为 OutputWelcome，如图 4.3 所示。要求 OutputWelcome 类的功能是用于发送含欢迎信息的页面到客户端，且该类映射的网址是 http://localhost:8080/Servlet_Output/OutputWelcome。

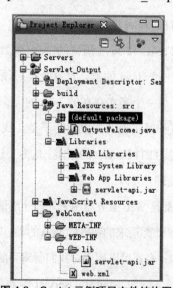

图 4.3　Sevlet 示例项目文件结构图

项目需要引入开发包 Servlet-api.jar。如果未引入，"javax.servlet" 包中的 HttpServlet、HttpServletRequest、HttpServletResponse 等类将不能在编码中使用。

HttpServletResponse 属于 javax.servlet.http 中的接口，继承自 ServletResponse 接口，ServletResponse 接口定义了一个 getWriter()方法。

调用 getWriter()方法可以得到一个 PrintWriter 对象，这个对象用于发送字符文本到客户端。PrintWriter 类有一个 println()方法，该方法的原型如下：

```
public void println(String x)
```

这行代码用于打印字符串 x，然后终止该行。println()方法的行为与先调用 print(String)然后调用 println()一样。

OutputWelcome 类的代码如下：

```
import java.io.IOException;
import java.io.PrintWriter;
import javax.Servlet.ServletException;
import javax.Servlet.http.HttpServlet;
import javax.Servlet.http.HttpServletRequest;
import javax.Servlet.http.HttpServletResponse;

public class OutputWelcome extends HttpServlet {
    protected void doGet(HttpServletRequest request,
        HttpServletResponse response) throws ServletException,IOException {
        request.setCharacterEncoding("GBK");
        response.setContentType("text/html;charset=GBK");
        PrintWriter out=response.getWriter();
        out.println("<html><head><title>");
        out.println("欢迎页面");
        out.println("</title></head><body>");
        out.println("我们欢迎你! ");
        out.println("</body></html>");
        out.close();
    }
}
```

从以上代码可以看到，待发送的页面所对应的 html 代码均由 PrintWriter 对象进行了处理。

在案例 4.2 中，web.xml 关于 OutputWelcome 类的相关配置代码由 Eclipse 生成，如下：

```
<?xml version="1.0" encoding="UTF-8"?>
<web-app id="WebApp_ID" version="2.4" xmlns="http://java.sun.com/xml/ns/j2ee"
xmlns:xsi="http://www.w3.org/2001/XMLSchema-instance"
xsi:schemaLocation="http://java.sun.com/xml/ns/j2ee
http://java.sun.com/xml/ns/j2ee/web-app_2_4.xsd">
    <display-name>Servlet_Output</display-name>
    <Servlet>
        <description>
        </description>
        <display-name>OutputWelcome</display-name>
        <Servlet-name>OutputWelcome</Servlet-name>
        <Servlet-class>OutputWelcome</Servlet-class>
```

```
    </Servlet>
    <Servlet-mapping>
        <Servlet-name>OutputWelcome</Servlet-name>
        <url-pattern>/OutputWelcome</url-pattern>
    </Servlet-mapping>
    <welcome-file-list>
        <welcome-file>index.html</welcome-file>
        <welcome-file>index.htm</welcome-file>
        <welcome-file>index.jsp</welcome-file>
        <welcome-file>default.html</welcome-file>
        <welcome-file>default.htm</welcome-file>
        <welcome-file>default.jsp</welcome-file>
    </welcome-file-list>
</web-app>
```

其中，因为 OutputWelcome.java 文件位于默认包中，所以

```
<Servlet-class>OutputWelcome</Servlet-class>
```

中的 OutputWelcome 不含包名，直接为类的名字。

运行案例 4.2，在浏览器中输入：

```
http://localhost:8080/Servlet_Output/OutputWelcome
```

则会显示如图 4.4 所示的页面。

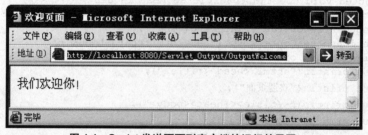

图 4.4　Sevlet 发送页面到客户端的运行效果图

Servlet-生成 HTML 网页

【聚沙成塔】

Servlet 如何生成页面？

通过响应对象 response 的 getWriter 方法获得一个 PrintWriter 对象。编写 PrintWriter 对象的 println 方法的调用语句时，将构成页面的那些 HTML 源代码作为 println 方法的参数值，HTML

源码就可以被发送回客户端浏览器，客户端浏览器理解这些 HTML 源代码，呈现相应的 HTML 页面效果。看上去服务器端的 Servlet 程序就这样生成了一个 HTML 页面。

4.4　Servlet 处理表单数据

表单中的数据是以参数名和参数值的形式存在的，当提交到服务器进行处理时，服务器端的程序，如 Servlet，要获取待处理的这些表单数据，则需通过参数名来定位（得到）到参数值。

HTML 中的 FORM 标记用于将表单内的数据提交给指定的页面进行处理。我们已在第 1 章中介绍过 FORM 标记的 action 属性，该属性可以指定要处理表单数据的网址。现在将 action 属性指向一个 Servlet，method 属性用于指定数据传送给 HTTP 服务器的方法是 get 还是 post，如果是 get 请求，服务器将会执行 doGet()方法；如果是 post 请求，服务器将会执行 doPost()方法。

Servlet 通过 Request 对象从请求中提取数据，将数据进行处理后，再进行下一步处理。通常情况下是通过 Response 对象向客户端响应，比如使用 Response 对象输出一段文本流（实际形成客户端看到的最终页面），或者是一个二进制文件（自定义图片、声音、视频等）。

4.4.1　表单提交 get 请求 Servlet 处理

如果表单的 method 属性不指定，则默认为 get 请求。客户端通过表单提交 get 请求时，浏览器的地址栏会出现请求附带的参数和相应的参数值。这些参数和相应参数值的显示格式通常以 "?" 开始，以 "&" 分隔参数，HTTP 请求的 URL 通常包括以下部分：

```
http://[host]:[port][request path]?[查询字符串]
```

查询字符串能够显示地出现在 URL 中，提交到 JSP 页面进行处理后，会出现类似如下 URL：

```
http://localhost:8080/WebPros/ShowCalResult.jsp?employeeName=Mike&wage=5000
```

如果是提交到 Servlet 进行处理，则会出现类似如下 URL：

```
http://localhost:8080/GetData_Servlet/HandleParam?inputbox=Hello&number=one&
number=four&number=five
```

可以看到，请求中的参数是以 URL 的组成部分出现的。

客户端提交 post 请求时，参数将不显示在浏览器的地址栏上。

4.4.2　从请求中获取数据

URL 中的查询字符串由一系列参数及参数值组成。可通过 HttpServletRequest 对象的 getParameter()方法从请求中提取这些参数值。

getParameter()方法在使用时要指定参数的名字，如果不存在该参数，则该方法的返回结果为 null；如果存在该参数，但没有将值同时传递过来，则返回空字符串；如果存在多个参数同名的情况，则只取一个。例如，从上述 URL 请求中提取数据：

```
String name = request.getParameter("employeeName");
float wage = Float.parseFloat(request.getParameter("wage"));
```

HttpServletRequest 类主要包含以下几个方法。

getParameterNames()：获得一个迭代器 Enumeration，可以通过这个迭代器来获得表单中参数的名字。

getParameter()：返回表单中参数名（区分大小写）对应的值（没有这样的参数，返回 null；没有任何值，返回空 String）；多参数同名时，只取一个。

getParameterValues()：返回表单中参数名（区分大小写）对应的字符串数组（没有这样的参数，返回 null；只有一个值，返回值为单一元素组）。

4.4.3　通过 response 处理响应

response 对象封装了从服务器到客户端的所有信息。Servlet 程序中如果继承了 HttpServlet 类并覆盖了 doPost()方法，那么该方法将在服务器接收到客户端的 URL 的 post 请求后被调用。通常可以从 HTTP response 对象中获得一个 PrintWriter 对象，即输出流对象。通过输出流的 println()方法可以书写返回客户端的页面。

同理，如果继承了 HttpServlet 类并覆盖了 doGet()方法，那么该方法将在服务器接收到客户端的 URL 的 post 请求后被调用。

4.4.4　Servlet 接收表单数据

本节介绍如何通过 Servlet 接收表单参数，并将表单数据作为结果页面的内容显示出来。

案例 4.3　新建一个项目 servletpro。项目的页面使用 JSP 技术，计算处理逻辑使用 Servlet 技术。完成功能为，在表单中输入姓名，点击"确定"按钮后显示相应的欢迎语，具体参见图 4.5 至图 4.7。

其中，表单的 action 属性设置的 url 需要映射到一个 Servlet。由这个 Servlet 接收表单传递的值，并发送到客户端，构成对客户端的响应。

图 4.5　从 Servlet 发送页面到客户端的运行效果图

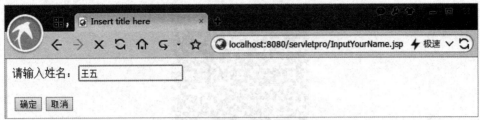

图 4.6　包含输入表单的页面效果图

图 4.7　Servlet 处理表单提交数据后的运行效果图

inputYourName.jsp 源码如下（仅显示关键代码）：

```
<form name ="inputPersonInfo" method = "post" action = "OutputWelcome">
    请输入姓名：<input name = "name" type="text"></input><br></br>
    <input name = "enter" type="submit" value = "确定"><input id =
    "cancel" type="reset" value = "取消">
</form>
```

OutputWelcome.java 源码如下（仅显示关键代码）：

```java
public class OutputWelcome extends HttpServlet {
    protected void doPost(HttpServletRequest request,
    HttpServletResponse response)
    throws ServletException,IOException {
        request.setCharacterEncoding("UTF-8");
        String name = (String)request.getParameter("name");
        response.setContentType("text/html;charset=utf-8");
        PrintWriter out=response.getWriter();
        out.println("<html><head><title>");
        out.println("欢迎页面");
        out.println("</title></head><body>");
        out.println("我们欢迎你! ");
        out.println("<br>"+name);
        out.println("</body></html>");
        out.close();
    }
}
```

web.xml 源码如下（仅显示关键代码）：

```xml
<servlet>
    <description></description>
    <display-name>OutputWelcome</display-name>
    <servlet-name>OutputWelcome</servlet-name>
    <servlet-class>OutputWelcome</servlet-class>
</servlet>
<servlet-mapping>
    <servlet-name>OutputWelcome</servlet-name>
    <url-pattern>/OutputWelcome</url-pattern>
</servlet-mapping>
```

Servlet-处理表单数据

【聚沙成塔】

在 Servlet 中封装业务逻辑，完成业务功能，是 Servlet 的强大所在。

Servlet 不仅可以发送 html 源代码到客户端，使浏览器去呈现相应的页面；还可以发送某个变量值，这个变量值可以在 Servlet 中计算，再将计算后的结果值作为结果页面的一部分，最终一起发送回客户端。

这样就可以利用强大的各类 Java 计算服务，完成复杂的应用。

案例 4.4 的表单元素会比案例 4.3 的表单元素复杂一些。

案例 4.4 新建一个项目 servletpro。要求：使用技术为 JSP+Servlet。设计一个 JSP 页面 SenderData.jsp，该页面中包含一个多选框、一个文本框、一个按钮，在该页面中输入（选择）数据，将这些数据通过 get 请求到 Servlet，Servlet 对这些数据进行处理后生成 HTML 页面返回客户端。

SenderData.jsp 的完整代码如下：

```
<%@ page language="java" contentType="text/html;charset=utf-8"
    pageEncoding="utf-8"%>
<!DOCTYPE    html    PUBLIC"-//W3C//DTD    HTML    4.01    Transitional//EN"
"http://www.w3.org/TR/html4/loose.dtd">
<html>
<head>
<meta http-equiv="Content-Type" content="text/html;charset= utf-8">
<title>提交 get 请求到 Servlet</title>
</head>
<body>
    <form method="get" action="HandleParam">
        可在下列文本框中输入数据：<br>
        <input type="text" name="inputbox"><br>
        可在下列多选框中选择 1~5 项：<br>
        <select name="number" size="6" multiple>
        <option value="one">num1</option>
        <option value="two">num2</option>
        <option value="three">num3</option>
        <option value="four">num4</option>
        <option value="five">num5</option>
        </select><br>
        <input type="submit" value="Enter"><br>
    </form>
</body>
```

```
</html>
```

表单中 action 属性指定的值是"HandleParam"，HandleParam 就是一个 Servlet，用来处理表单中提交的数据。

新建一个 Servlet，在本例中也就是新建一个类，这个类继承自它的父类 HttpServlet。

HandleParam.java 的具体代码如下：

```java
package GetParam;

import java.io.IOException;
import java.io.PrintWriter;

import javax.servlet.ServletException;
import javax.servlet.http.HttpServlet;
import javax.servlet.http.HttpServletRequest;
import javax.servlet.http.HttpServletResponse;

public class HandleParam extends HttpServlet {

    protected void doGet(HttpServletRequest request,
        HttpServletResponse response) throws ServletException,IOException {
        String inputText = request.getParameter("inputbox");
        String[] multiValue = request.getParameterValues("number");
        response.setContentType("text/html;charset=GBK");
        PrintWriter pw = response.getWriter();
        pw.println("<html><body>");
        pw.println("你输入的文字:<br>");
        if(inputText != null)
        {
            pw.println(inputText);
            pw.println("<br>");
        }
        pw.println("你选择的项:<br>");
        if(multiValue != null)
        {
            for(int i=0;i<multiValue.length;i++){
                pw.println(multiValue[i] + "<br>");
            }
        }
        pw.println("</body></html>");
    }
}
```

新建的 Servlet 类需要在 web.xml 文件中有相应的配置代码，这些代码 Eclipse 将自动生成。

web.xml 代码如下（仅显示关键代码）：

```xml
<servlet>
<description></description>
<display-name>HandleParam</display-name>
<servlet-name>HandleParam</servlet-name>
<servlet-class>
GetParam.HandleParam</servlet-class>
</servlet>
<servlet-mapping>
<servlet-name>HandleParam</servlet-name>
<url-pattern>/HandleParam</url-pattern>
```

```
</servlet-mapping>
```

运行此 Web 程序，在浏览器地址栏中输入：

```
http://localhost:8080/GetData_Servlet/SenderData.jsp
```

显示页面如图 4.8 所示。

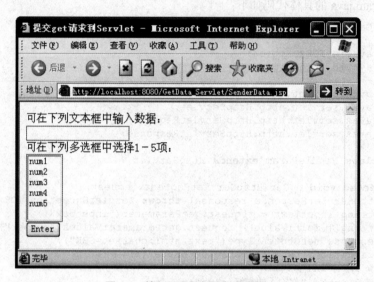

图 4.8 输入页面示例运行效果图

输入测试数据后，点击"Enter"按钮，出现如图 4.9 所示的界面。

图 4.9 在输入页面中录入/选择数据的示例运行效果图

此时页面内容发生变化，浏览器中的地址转变为：

```
http://localhost:8080/GetData_Servlet/HandleParam?inputbox=Hello&number=one
&number=four&number=five
```

其中页面内容如图 4.10 所示。

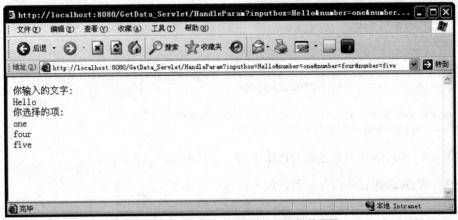

图 4.10　Servlet 发送页面的示例运行效果图

此页面中的内容由 Servlet 生成。

4.5　页面重定向

通过 Servlet 生成客户端请求的页面这一方式，控制不太方便，特别是当页面内容较多、页面样式较为复杂时。因此，一般采用 Servlet 技术完成服务器端的计算处理逻辑，处理后的结果通过 JSP 技术发送到客户端，也就是通常所说的 Servlet+JSP 的 Web 应用程序的开发模式。

sendRedirect()方法向客户端浏览器发送页面重定向指令，浏览器接收后将向 Web 服务器重新发送页面请求，执行完后，浏览器的 URL 显示的是跳转后的页面。跳转页面可以是任意的 URL。

前面学习了如何在 Servlet 中直接生成结果页面，但如果通过 response 对象的 sendRedirect() 方法，则可以指定 JSP 页面为需要跳转的页面。

案例 4.5　Servlet 中，直接生成结果页面和指定 JSP 页面为需要跳转页面的编码对比。

代码如下：

```
protected void doPost (HttpServletRequest request,
    HttpServletResponse response) throws ServletException,IOException {
    request.setCharacterEncoding("UTF-8");
    String name =(String)request.getParameter("name");
    response.setContentType("text/html;charset=utf-8");
    PrintWriter out=response.getWriter();
```

```
    out.println("<html><head><title>");
    out.println("欢迎页面");
    out.println("</title></head><body>");
    out.println("我们欢迎你！");
    out.println("<br>"+name);
    out.println("</body></html>");
    out.close();
    }
}

public void doPost(HttpServletRequest request,HttpServletResponse response)
throws ServletException,IOException
{
response.setContentType("text/html;charset=UTF-8");
response.sendRedirect("/index.jsp");
}
```

案例 4.6　Servlet 不直接生成 HTML 页面，而转向另一 JSP 页面。

修改后的 OutputWelcome.java 代码如下：

```
public class OutputWelcome extends HttpServlet {
protected void doPost(HttpServletRequest request,HttpServletResponse response)
throws ServletException,IOException {
    request.setCharacterEncoding("UTF-8");
    String name = (String)request.getParameter("name");
    response.sendRedirect("Welcome.jsp?name="+URLEncoder.encode(name,"utf-8"));
    }
}
```

然后页面重定向到另一页面 Welcome.jsp。

Welcome.jsp 的代码如下：

```
<body>
<%
request.setCharacterEncoding("utf-8");
String name = request.getParameter("name");
name= new String(name.getBytes("ISO-8859-1"),"utf-8");
%>
<%=name %>
</body>
```

Servlet-页面重定向

【聚沙成塔】

页面重定向是 Web 应用中实现"页面跳转"的重要技术。

页面重定向从应用上来说，不是由当前 Servlet 来直接生成页面，而是存在一个已有的 JSP 页面或者 Servlet 程序，当前 Servlet 的工作是能够为用户跳转到需要呈现给用户的这个已经存在的其他的页面或者其他的 Servlet 程序。

页面重定向从开发者角度，在编写 doGet 方法和 doPost 方法时，并不是通过 Response 对象来生成一个 PrintWriter 对象完成 HTML 文本流的输出，而是使用一个给定的 url，转去执行这个 url 所对应的程序，并且把这个 url 对应的程序结果作为对客户端的响应，发回客户端。这个 url 有可能是一个 JSP 页面的 url，也有可能是服务器上的一个 Servlet 的 url。

简单来说，也就是当前的 Servlet 程序，在执行过程中转去执行一个新的 JSP 程序，或者转去执行一个新的 Servlet 程序去了，只要这个 Servlet 或者 JSP 所对应的 url 在程序中指定了，就会转去执行相应的 JSP 程序或 Servlet 程序，这就是页面重定向，即 Redirect，也就是我们只要学会使用 Response 对象的 sendRedirect 方法并对该方法中 url 参数的指定，就可以完成从正在执行的 Servlet 中跳转到另外一个新的页面或者一个新的 Servlet 程序去执行了。

4.6　Servlet 进行请求转发

forward 重定向是在容器内部实现的同一个 Web 应用程序的重定向，forward 方法重定向到同一个 Web 应用程序中的资源，重定向后浏览器地址栏 URL 不变，而 HttpServletResponse 对象的 sendRedirect() 方法可用于任何 URL。

RequestDispatcher.forward 则是直接在服务器中进行处理，将处理完后的信息发送给浏览器进行显示，所以，完成后在 URL 中显示的是跳转前的页面。

在 Servlet 计算处理后，可利用 RequestDispatcher 对象将请求转发给其他的 Servlet 或 JSP 页面。这通常出现在 Servlet 进行验证处理后，再到另外一个结果页面显示的情形。

例如，传递 request 对象的代码如下：

```
rd.forward(request,response);
```

其中：rd 代表 RequestDispatcher 对象，request 和 response 分别代表请求对象和响应对象。

4.6.1　ServletContext

Servlet 的运行环境称为 Servlet 上下文，每个 Web 应用程序都有一个与之相关的 Servlet 上下文。Java Servlet API 提供 ServletContext 接口用来表示上下文。

HttpServlet 类继承了 getServletContext() 方法，该方法的原型如下：

```
public ServletContext getServletContext()
```

getServletContext() 方法能够返回当前 Servlet 对象所属的 ServletContext 对象的引用。

ServletContext 对象提供了一系列方法用于单个的 Servlet 与其所在运行环境里的其他对象进行"交流",如提供 getRequestDispatcher()方法得到 RequestDispatcher 对象用于请求转发。

4.6.2 RequestDispatcher

利用 RequestDispatcher 对象,可以将请求转发给其他的 Servlet 或者 JSP 页面。RequestDispatcher 包含 forward()和 include()两个重要的方法,代码如下:

```
ServletContext context=getServletContext();
RequestDispatcher rd=context.getRequestDispatcher (
"/Payroll/ShowCalResult.jsp?employeeName="+name+"&wage="+wage);
rd.forward(request,response);
```

【聚沙成塔】

页面重定向和请求转发的技术区别。

Servlet 在进行页面重定向的时候,相当于从客户端重新发送了一个对服务器的请求,请求参数需要在相应的 url 中指定,服务器会为这个新的请求创建一个 request 对象,请求参数将封装到这个新的 request 对象中。

请求转发技术,服务器不会去创建新的请求对象,而是把原来客户端对这个 Servlet 的请求对象直接转发给目标的 Servlet 程序或者目标 JSP 页面。请求对象中的键-值参数对数据将在服务器端被目标程序或者目标页面直接使用。

这个区别将给我们作为开发者带来极大的便利。

4.6.3 请求转发实例

案例 4.7 不由 Servlet 直接生成结果页面,通过 Servlet 接收到前一页面的参数后,将"携带参数"的 request 对象一同转发给另一目标页面(JSP 页面)。

OutputWelcome.java 代码如下:

```java
public class OutputWelcome extends HttpServlet {
    protected void doPost(HttpServletRequest request,HttpServletResponse response)
throws ServletException,IOException {
    request.setCharacterEncoding("UTF-8");
    String name=(String)request.getParameter("name");
    ServletContext context = getServletContext();
    RequestDispatcher rd =
    context.getRequestDispatcher("/Welcome.jsp?name="+name);
    rd.forward(request,response);
    }
}
```

此例中的目标页面是 Welcome.jsp,修改后的 Welcome.jsp 代码如下:

```
<body>
<%
String name = request.getParameter("name");
%>
<%=name %>
</body>
```

注意：此处不需要转码。

在输入页面中录入数据的程序运行效果如图 4.11 所示。

图 4.11　在输入页面中录入数据的程序运行效果图

Servlet 请求转发的程序运行效果如图 4.12 所示。

图 4.12　Servlet 请求转发的程序运行效果图

注意：地址栏中的地址未发生变化。

继续修改 OutputWelcome.java，代码如下：

```java
public class OutputWelcome extends HttpServlet {
    protected void doPost(HttpServletRequest request,
    HttpServletResponse response)
    throws ServletException,IOException {
    request.setCharacterEncoding("UTF-8");
    ServletContext context = getServletContext();
    RequestDispatcher rd = context.getRequestDispatcher("/Welcome.jsp");
    rd.forward(request,response);
    }
}
Welcome.jsp:
<body>
<%
String name = request.getParameter("name");
%>
<%=name %>
</body>
```

rd.forward(request,response);语句传递了 request 对象，所以 name 值被显示在最终的 JSP 页面中。

修改前代码中加底纹的语句：

```java
RequestDispatcher rd = context.getRequestDispatcher("/Welcome.jsp?name="+name);
```

其中，地址中的 name 传递是不需要的。除了传递 name，还需要传递更多的值到结果页面 JSP 中，而这些值并不在 request 对象中存在。那么可以通过底纹处的方式进行编码。

【聚沙成塔】

请求转发使得 Web 服务器管理/调配程序员编写的各个 Servlet/JSP/Web 服务程序成为可能。

ServletContext 对象的 getRequestDispatcher 方法可以得到一个 RequestDispatcher 对象，RequestDispatcher 对象提供的 forward 方法可以指定同一个 Web 应用程序中的一个资源，可以是 JSP 页面，也可以是 Servlet，页面执行后客户端浏览器的地址栏 URL 不变，这样对于客户端来说，并不知道服务器端已经将请求转发给了另一个程序去执行。

Servlet-请求转发

4.7　综合项目：使用 Servlet 完成工资计算

延续第 3 章工资计算程序的示例，本节使用 Servlet 技术来完成同样的功能。

4.7.1　功能简述

程序运行时出现的工资计算输入页面如图 4.13 所示。

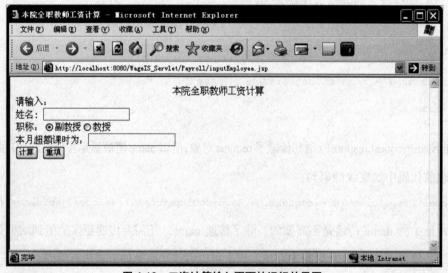

图 4.13　工资计算输入页面的运行效果图

点击"计算"按钮后，如果计算未出错，则应出现如图 4.14 所示的页面。

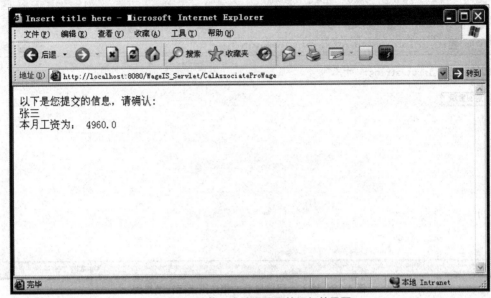

图 4.14　计算工资结果页面的运行效果图

如果工资页面输入错误信息，则应出现如图 4.15 所示的页面。

如果在输入课时的时候将"12"输入成了"十二"，则会出现如图 4.16 所示的页面。

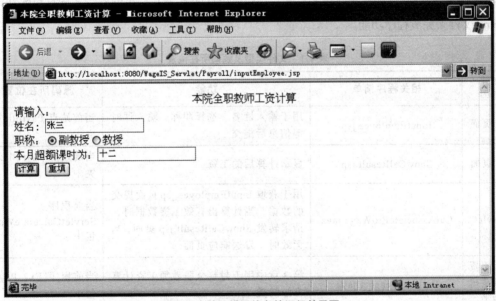

图 4.15　输入错误信息的运行效果图

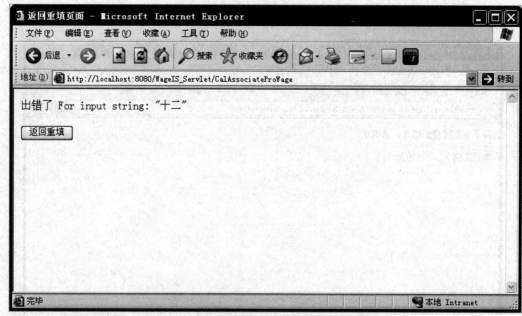

图 4.16　输入错误信息后的相应页面运行效果图

4.7.2　源码清单

在 Eclipse 中新建 Dynamic Web Project，并将工程名设为 WageIS_Servlet。在此工程中，除应导入采用 Servlet 技术需要的相关文件外，还应设计如表 4.1 所示的源码文件及与配置相关的.xml 文件来完成程序功能。

表 4.1　文件类型及源码所在位置

文件类型	相关程序清单	功能	源码所在位置
JSP 页面	InputEmployee.jsp	用于输入姓名、选择职称、输入课时等信息后提交	当前站点 Payroll 文件夹中
JSP 页面	ShowCalResult.jsp	显示计算后的工资	当前站点 Payroll 文件夹中
Servlet	CalAssociateProWage.java	用于获取 InputEmployee.jsp 页面提交的数据，当计算出有效工资数据时，请求转发 ShowCalResult.jsp 页面；当无效时，发送响应页面	当前程序 ServletCalculateWage 包中
用于工资计算逻辑的类	FulltimeTeacher.java	第 3 章中用于封装全职教师工资计算方法的类	当前程序 Ex2_Payroll 包中
	web.xml	配置文件	

工资计算程序的项目文件结构如图 4.17 所示。

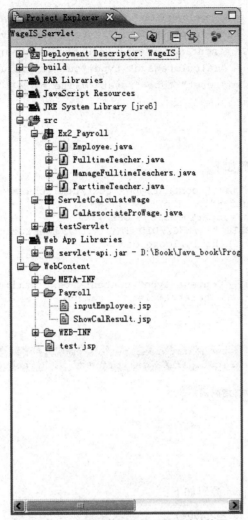

图 4.17　工资计算程序的项目文件结构图

InputEmployee.jsp 的具体代码如下：

```
<%@ page language="java" contentType="text/html;charset=utf-8"
   pageEncoding="utf-8"%>
   <%request.setCharacterEncoding("GBK");%>
<!DOCTYPE html PUBLIC "-//W3C//DTD HTML 4.01 Transitional//EN"
"http://www.w3.org/TR/html4/loose.dtd">
<html>
<head>
   <meta http-equiv="Content-Type" content="text/html;charset = utf-8">
   <title>本院全职教师工资计算</title>
</head>
<body>
   <%String url=request.getContextPath()+"/CalAssociateProWage" ; %>
   <form id='form1' method = "post" action =<%=url%>>
      <div style="text-align:center">本院全职教师工资计算</div>
      请输入：<br>
      姓名:<input name="employeeName" type ="text"><br>
```

职称：<input name="employeeTitle" type ="radio"value="副教授"checked = "checked">
副教授<input name="employeeTitle" type ="radio" value="教授">教授
本月超额课时为：<input name="employeeExtraClasshour" type="text">
<input name = "CalculateWage" type="submit" value = "计算">
<input name = "reset" type="reset" value = "重填">

</br>
</form>
</body>
</html>

ShowCalResult.jsp 源码如下：

```
<%@ page language="java" contentType="text/html;charset = utf-8"
    pageEncoding="utf-8"%>
    <%request.setCharacterEncoding("GBK");%>
<!DOCTYPE html PUBLIC "-//W3C//DTD HTML 4.01 Transitional//EN"
"http://www.w3.org/TR/html4/loose.dtd">
<html>
<head>
    <meta http-equiv="Content-Type" content="text/html;charset=utf-8">
    <title>Insert title here</title>
</head>
<body>
    <%
        String name = request.getParameter("employeeName");
        float wage = Float.parseFloat(request.getParameter("wage"));
    %>
    以下是您提交的信息，请确认:<br>
    <%=name %><br>
    本月工资为：
    <%=wage %>
</body>
</html>
```

CalAssociateProWage.java 源码如下：

```
package ServletCalculateWage;

import java.io.IOException;
import java.io.PrintWriter;
import javax.Servlet.RequestDispatcher;
import javax.Servlet.ServletContext;
import javax.Servlet.ServletException;
import javax.Servlet.http.HttpServlet;
import javax.Servlet.http.HttpServletRequest;
import javax.Servlet.http.HttpServletResponse;
import Ex2_Payroll.FulltimeTeacher;
public class CalAssociateProWage extends HttpServlet {
    private static final long serialVersionUID = 1L;
    public CalAssociateProWage() {
        super();
    }
protected void doGet(HttpServletRequest request,
HttpServletResponse response)
    throws ServletException,IOException {
        //TODO Auto-generated method stub
        try {
```

```
            request.setCharacterEncoding("utf-8");
            response.setContentType("text/html;charset=utf-8");
            String name = request.getParameter("employeeName");
            String title = request.getParameter("employeeTitle");
            Float extraClasshour = Float.parseFloat(
                request.getParameter("employeeExtraClasshour"));
            //
            FulltimeTeacher pt2 = new FulltimeTeacher(name,title);
            pt2.setExtraclasshour(extraClasshour);
            pt2.calculateWage();
            //
            Float wage=pt2.getWage();
            ServletContext context=getServletContext();
            RequestDispatcher rd=context.getRequestDispatcher("/Payroll/
                ShowCalResult.jsp? wage="+wage);
            rd.forward(request,response);
        }
        catch(Exception ex) {
            response.setContentType("text/html;charset=utf-8");
            PrintWriter out=response.getWriter();
            out.println("<html><head><title>");
            out.println("返回重填页面");
            out.println("</title></head><body>");
            out.println("出错了");
            out.println(ex.getMessage());
            out.println("<form action=/Payroll/inputEmployee.jsp>");
            out.println("<input type=submit value=返回重填>");
            out.println("</form>");
            out.println("</body></html>");
            out.close();
        }
    }
    protected void doPost(HttpServletRequest request,HttpServletResponse response)
        throws ServletException,IOException {
        doGet(request,response);
    }
}
```

程序中使用的 Servlet 在 web.xml 中的相关配置代码如下：

```
<Servlet>
    <description>
    </description>
    <display-name>CalAssociateProWage</display-name>
    <Servlet-name>CalAssociateProWage</Servlet-name>
    <Servlet-class>
    ServletCalculateWage.CalAssociateProWage</Servlet-class>
</Servlet>
    <Servlet-mapping>
    <Servlet-name>CalAssociateProWage</Servlet-name>
    <url-pattern>/CalAssociateProWage</url-pattern>
</Servlet-mapping>
```

在 CalAssociateProWage 类中，可以看到完成工资计算的代码封装到了 doGet()方法中。这样，发送给客户端的 ShowCalResult.jsp 页面更为简洁，让表示层代码与业务逻辑层代码层次更为清晰。

1.关于程序中请求转发和页面重定向的处理

以上代码中，加底纹部分使用了服务器端请求转发机制来完成结果页面的跳转。从代码中可以看到，这对于 ShowCalResult.jsp 页面的请求显式传递了请求数据 wage，同时也传递了 employeeName 等其他值。因此，在结果页面 ShowCalResult.jsp 访问相应的 request 对象时，可以得到 employeeName 和 wage 的值。

在服务器端进行请求转发的时候，并不会为新的请求生成新的 request 对象，而是将当前运行页面的 request 对象进行传递（转发）。

当前运行页面的 request 对象中已经包含 employeeName 的值，同一个 request 对象在服务器端转发给了新的请求对应的结果页面 ShowCalResult.jsp，Web 服务器端并没有为这个结果页面生成新的 request 对象，所以 wage 的值被封装到了这个传递的 request 对象中。

```
ServletContext context=getServletContext();
RequestDispatcher rd=context.getRequestDispatcher(
    "/Payroll/ShowCalResult.jsp? wage="+wage);
rd.forward(request,response);
```

如果采用页面重定向来完成同样功能，需要为重定向指定的 URL 设计两个新的请求参数对。结果页面通过这两个请求参数对来得到 employeeName 和 wage 的值。

那么，可以将底纹部分替换成下列语句：

```
response.sendRedirect("Payroll/ShowCalResult.jsp?employeeName="+name+"&wage="+wage);
```

此处的请求参数必须加入 employeeName，因为页面重定向以为只有服务器端向客户端发送新的请求，再将这个新的请求生成一个 request 对象。注意，通过此种方式传递中文参数值一般会出现乱码。

2.关于 session 对象的应用

修改后的 CalAssociateProWage.java 代码如下：

```
public class CalAssociateProWage extends HttpServlet {
public CalAssociateProWage() {
    super();
}
protected void doGet(HttpServletRequest request,HttpServletResponse response)
throws ServletException,IOException {
    try {
        request.setCharacterEncoding("utf-8");
        response.setContentType("text/html;charset=utf-8");
        String name = request.getParameter("employeeName");
        String title = request.getParameter("employeeTitle");
        Float extraClasshour = Float.parseFloat(
            request.getParameter("employeeExtraClasshour"));
        //
        FulltimeTeacher pt2 = new FulltimeTeacher(name,title);
        pt2.setExtraclasshour(extraClasshour);
```

```
        pt2.calculateWage();
        //
        Float wage=pt2.getWage();
        HttpSession hs=request.getSession();
        hs.setAttribute("employeeName",name);
        hs.setAttribute("wage",wage);
        response.sendRedirect("Payroll/ShowCalResult.jsp");
    }
    catch(Exception ex) {
        response.setContentType("text/html;charset=utf-8");
        PrintWriter out=response.getWriter();
        out.println("<html><head><title>");
        out.println("工资计算结果");
        out.println("</title></head><body>");
        out.println("开始");
        out.println(ex.getMessage());
        out.println("<form action=/Payroll/inputEmployee.jsp>");
        out.println("<input type=submit  value=提交>");
        out.println("</form>");
        out.println("</body></html>");
        out.close();
    }
}
}
```

修改后的 ShowCalResult.jsp 代码如下:

```
<body>
    <%String name=null;String wage=null;
    HttpSession hs=request.getSession();
    if (hs.getAttribute("employeeName")!=null)
     name=(String)hs.getAttribute("employeeName");
    if (hs.getAttribute("wage")!=null)
        wage=hs.getAttribute("wage").toString();
    %>
    姓名:<br>
    <%=name %>
    工资为: <br>
    <%=wage %>
</body>
```

JSP 页面中支持内置对象 session。所以，ShowCalResult.jsp 的代码也可以修改为如下形式:

```
<body>
    <%
    String name=null;float wage=0;
    if (session.getAttribute("employeeName")!=null)
     name=(String)session.getAttribute("employeeName");
    if (session.getAttribute("wage")!=null)
        wage=Float.parseFloat(session.getAttribute("wage").toString());
    %>
    姓名:<br>
    <%=name %><br>
    工资为: <br>
    <%=wage %>
```

```
</body>
```

如果输入姓名为 cc、职称为副教授、课时为××，则工资计算结果页面的运行效果如图 4.18 所示。从图中可以看到，地址栏中并没有请求参数。

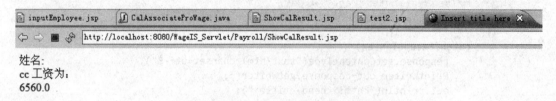

姓名：
cc 工资为：
6560.0

图 4.18　工资计算结果页面的运行效果图

Servlet 中访问 HttpSession 对象

【聚沙成塔】

使用 session 对象的核心思维是对数据的"存"与"取"。

用户在会话期间会发出很多的请求，服务器会为这些请求创建相应的 request 对象，所以请求对象和 session 对象之间的关联是非常紧密的。用户在会话期间可能会发出一到多个页面的请求，但是会话期间的会话对象却是同一个，所以由请求对象来得到会话对象是非常方便的，也就是通过请求对象的 getSession 方法获得 session 对象是很常见的用法。

HttpSession 对象和 JSP 中的 session 对象既然是同一个东西，那么前面在 JSP 中学习的 session 对象的重要方法都可以在 Servlet 中使用。最重要的方法就是 setAttibute 和 getAttibute，它们可以为会话期间的用户保存其信息，让这些信息能够出现在会话期间所访问的不同的页面上。保存意味着"读"，信息出现在不同的页面意味着"取"，这就得对应去使用 setAttibute 和 getAttibute 方法了。

4.8　Servlet API 介绍

4.8.1　RequestDispatcher 接口

定义一个对象从客户端接收请求，然后将其发送给服务器的可用资源（如 Servlet、CGI、

HTML 文件、JSP 文件）。Servlet 引擎创建 RequestDispatcher 对象用于封装由特定的 URL 定义的服务器资源。

RequestDispatcher 接口是专用于封装 Servlet 的，而 Servlet 引擎也可以创建 RequestDispatcher 对象封装任何类型的资源。

RequestDispatcher 对象是由 Servlet 引擎建立的，而不是由 Servlet 开发者建立的。

RequestDispatcher 接口主要包含以下几个重要方法。

1.forward()方法

forward()方法原型为：

```
public void forward(ServletRequest request,ServletReponse response)
throws ServletException,IOException;
```

forward()方法用来从 Servlet 向其他服务器资源传递请求。当 Servlet 对响应作出了初步处理，并要求其他对象对此作出响应时，可以使用 forward()方法。

当 request 对象被传递到目标对象时，请求的 URL 路径和其他路径参数会被调整为反映目标对象的目标 URL 路径。

如果已经通过响应返回了 ServletOutputStream 对象或 PrintWriter 对象，则不能使用 forward()方法，否则，该方法会抛出一个 IllegalStateException。

2.include()方法

include()方法原型为：

```
public void include(ServletRequest request,ServletResponse response)
throws ServletException,IOException
```

include()方法用来发送包括给其他服务器资源的响应的内容。本质上，include()方法反映了服务器端的内容。

请求对象传到目标对象后会反映调用请求的 URL 路径和路径信息。这个响应对象只能调用 Servlet 的 ServletOutputStream 对象和 PrintWriter 对象。

4.8.2　Servlet 接口

Servlet 接口定义了一个在 Web 服务器上继承这个功能的 Java 类。

Servlet 接口主要包含以下几个重要方法。

1. init()方法

init()方法原型为：

```
public void init(ServletConfig config) throws ServletException;
```

init()方法用于初始化 Servlet。

2. service()方法

service()方法原型为：

```
public void service(ServletRequest request,ServletResponse response)
throws ServletException,IOException;
```

Servlet 引擎调用 service()方法以允许 Servlet 响应请求。

3. destroy()方法

destroy()方法原型为：

```
public void destroy();
```

当 Servlet 从服务中去除时，Servlet 引擎调用 destroy()方法。

4. getServletConfig()方法

getServletConfig()方法原型为：

```
public ServletConfig getServletConfig();
```

getServletConfig()方法用于返回一个 ServletConfig 对象。

5. getServletInfo()方法

getServletInfo()方法原型为：

```
public String getServletInfo();
```

该方法允许 Servlet 向主机的 Servlet 运行者提供有关其本身的信息。

4.8.3　ServletConfig 接口

ServletConfig 接口定义了一个对象，通过这个对象，Servlet 引擎配置一个 Servlet 并且允许 Servlet 获得有关 ServletContext 接口的说明。每个 ServletConfig 接口对应唯一的 Servlet。

ServletConfig 接口主要包含 getServletContext()方法。

getServletContext()方法原型为：

```
public ServletContext getServletContext();
```

该方法返回 Servlet 的 ServletContext 对象（上下文对象）的引用。

4.8.4　ServletContext 接口

ServletContext 接口定义了一个 Servlet 的环境对象，通过这个对象，Servlet 引擎向 Servlet 提供环境信息。

ServletContext 接口主要包含以下几个重要方法。

1. getAttribute()方法

getAttribute()方法原型为：

```
public Object getAttribute(String name);
```

该方法返回 Servlet 上下文中指定"键"的"值"（对象）。

2. getAttributeNames()方法

getAttributeNames()方法原型为：

```
public Enumeration getAttributeNames();
```

该方法返回一个 Servlet 上下文中可用的"键"名的列表。

3. getContext()方法

getContext()方法原型为：

```
public ServletContext getContext(String urlpath);
```

该方法返回一个 Servlet 上下文对象，这个对象包括特定 URL 路径的 Servlets 和资源，如果该路径不存在，则返回一个空值。URL 的路径格式是/dir/dir/filename.ext。

4. getRealPath()方法

getRealPath()方法的语法如下：

```
public String getRealPath(String path);
```

符合 URL 指定的虚拟路径的格式是/dir/dir/filename.ext。采用这个方法，可以返回一个与该格式虚拟路径相对应的真实路径的 String。

5. getRequestDispatcher()方法

getRequestDispatcher()方法原型为：

```
public RequestDispatcher getRequestDispatcher(String urlpath);
```

如果在这个指定的路径下能够找到活动的资源（如 Servlet、JSP 页面、CGI 等），就返回一个特定 URL 的 RequestDispatcher 对象，否则，就返回一个空值，Servlet 引擎负责使用 RequestDispatcher 对象封装目标路径。这个 RequestDispatcher 对象可以完成请求的传送。

6. getServerInfo()方法

getServerInfo()方法原型为：

```
public String getServerInfo();
```

该方法返回一个 String 对象，该对象至少包括 Servlet 引擎的名字和版本号。

7. setAttribute()方法

setAttribute()方法原型为：

```
public void setAttribute(String name,Object o);
```

该方法用于给 Servlet 上下文对象中指定的对象一个名称。

8. removeAttribute()方法

removeAttribute()方法原型为：

```
public void removeAttribute(String name);
```

该方法用于从指定的 Servlet 上下文对象中根据"name"删除对应的值。

4.8.5 ServletRequest 接口

定义一个 Servlet 引擎产生的对象，通过这个对象，Servlet 可以获得客户端请求的数据。这个对象通过读取请求体的数据提供包括参数的名称、值、属性以及输入流的所有数据。

ServletRequest 接口主要包含以下几个重要方法。

1. getAttribute()方法

getAttribute()方法原型为：

```
public Object getAttribute(String name);
```

该方法用于返回请求中指定属性的值，如果这个属性不存在，就返回一个空值。

2. getAttributeNames()方法

getAttributeNames()方法原型为：

```
public Enumeration getAttributeNames();
```

该方法用于返回包含在这个请求中的所有属性名的列表。

3. getCharacterEncoding()方法

getCharacterEncoding()方法原型为：

```
public String getCharacterEncoding();
```

该方法用于返回请求中输入内容的字符编码类型，如果没有定义字符编码类型，就返回空值。

4. getInputStream()方法

getInputStream()方法原型为：

```
public ServletInputStream getInputStream() throws IOException;
```

返回一个输入流，用来从请求体读取二进制数据。如果在此之前已经通过 getReader()方法获得了要读取的结果，则这个方法会抛出一个 IllegalStateException。

5. getParameter()方法

getParameter()方法原型为：

```
public String getParameter(String name);
```

以 String 返回指定参数的值，如果这个参数不存在，则返回空值。例如，在 HTTP Servlet

中，getParameter()方法会返回一个指定的查询语句产生的参数值或一个被提交的表单中的参数值。如果这个参数名对应几个参数值，则该方法只能通过 getParameterValues()方法返回数组中的第一个值。因此，如果这个参数有（或者可能有）多个值，则只能使用 getParameterValues()方法。

6. getParameterNames()方法

getParameterNames()方法原型为：

```
public Enumeration getParameterNames();
```

该方法用于返回所有参数名的 String 对象列表，如果没有输入参数，则该方法返回一个空值。

7. getParameterValues()方法

getParameterValues()方法原型为：

```
public String[] getParameterValues(String name);
```

该方法通过 String 对象的数组返回指定参数的值，如果这个参数不存在，则该方法返回一个空值。

8. setAttribute()方法

setAttribute()方法原型为：

```
public void setAttribute(String name,Object object);
```

setAttribute()方法在请求中添加一个属性，该属性可被其他访问这个请求的对象（例如一个嵌套的 Servlet）使用。

4.8.6　ServletResponse 接口

对 Servlet 生成的结果进行封装。

ServletResponse 接口主要包含以下几个重要方法。

1. getCharacterEncoding()方法

getCharacterEncoding()方法原型为：

```
public String getCharacterEncoding();
```

该方法用于返回相应使用字符解码的名字，默认为 ISO-8859-1。

2. getOutputStream()方法

getOutputStream()方法原型为：

```
public ServletOutputStream getOutputStream() throws IOException;
```

该方法用于返回一个记录二进制响应数据的输出流。

3. getWriter()方法

getWriter()方法原型为：

```
public PrintWriter getWriter throws IOException;
```

getWriter()方法返回一个 PrintWriter 对象，用来记录格式化的响应实体。

4. setContentLength()方法

setContentLength()方法原型为：

```
public void setContentLength(int length);
```

设置响应内容的长度，setContentLength()方法会覆盖以前对内容长度的设定。

5. setContentType()方法

setContentType()方法原型为：

```
public void setContentType(String type);
```

setContentType()方法用来设定响应的 content 类型。

4.8.7 GenericServlet 类

GenericServlet 类提供了除 service()方法外的所有接口中方法的默认实现。

service()方法由 servlet 容器调用，是类中唯一的抽象方法，必须被子类覆盖。

4.8.8 ServletException 类

当 Servlet 遇到问题时抛出一个异常。

4.8.9 HttpServletRequest 接口

HttpServletRequest 接口用来处理一个对 Servlet 的 HTTP 格式的请求信息。

HttpServletRequest 接口主要包含以下几个重要方法。

1. getPathInfo()方法

getPathInfo()方法原型为：

```
public String getPathInfo();
```

getPathInfo()方法返回请求 URL 的 Servlet 路径之后的额外的路径信息。

2. getServletPath()方法

getServletPath()方法原型为：

```
public String getServletPath();
```

getServletPath()方法返回请求 URL 反映调用 Servlet 的部分。例如，Servlet 被映射到 /catalog/summer 这个 URL 路径，而请求使用了/catalog/summer/casual 这样的路径。所谓反映调

用 Servlet 的部分就是指/catalog/summer。

3. getSession()方法

getSession()方法原型为：

```
public HttpSession getSession();
public HttpSession getSession(boolean create);
```

返回与这个请求相关的当前有效的 session。如果调用 getSession()方法时没带参数，那么在没有 session 与这个请求关联的情况下，将会新建一个 session。如果调用 getSession()方法时带入布尔型参数，那么，只有当这个参数为真时，session 才会被建立。

4.8.10　HttpServletResponse 接口

HttpServletResponse 接口用于描述一个返回到客户端的 HTTP 回应。

HttpServletResponse 接口主要包含 sendRedirect()方法。

sendRedirect()方法原型为：

```
public void sendRedirect(String location) throws IOException;
```

使用给定的路径，给客户端发送一个临时转向的响应（SC_MOVED_TEMPORARILY）。给定的路径必须是绝对 URL。相对 URL 不能被接收，会抛出一个 IllegalArgumentException。

4.8.11　HttpSession 接口

HttpSession 接口被 Servlet 引擎用来实现 HTTP 客户端和 HTTP 会话两者的关联。这种关联可能在多外连接和请求中持续一段给定的时间。session 用来在无状态的 HTTP 协议下越过多个请求页面来维持状态和识别用户。

session 可以通过 cookie 或重写 URL 来维持。

HttpSession 接口主要包括以下几个重要方法。

1. getId()方法

getId()方法原型为：

```
public String getId();
```

该方法用于返回分配给 session 的标识符。HTTP session 的标识符是一个由服务器来建立和维持的唯一字符串。

2. getLastAccessedTime()方法

getLastAccessedTime()方法原型为：

```
public long getLastAccessedTime();
```

返回客户端最后一次发出与 session 有关的请求的时间，如果 session 是新建立的，则返回

−1。这个时间表示为自 1970 年 1 月 1 日（GMT）以来的毫秒数。

3. getMaxInactiveInterval()方法

getMaxInactiveInterval()方法原型为：

```
public int getMaxInactiveInterval();
```

返回秒数，这个秒数表示客户端不发送请求时，session 被 Servlet 引擎维持的最长时间。在这个时间之后，Servlet 引擎可能被 Servlet 引擎终止。如果 session 不会被终止，则 getMaxInactiveInterval()方法返回−1。

当 session 无效后，再调用 getMaxInactiveInterval()方法会抛出一个 IllegalStateException。

4. getValue()方法

getValue()方法原型为：

```
public Object getValue(String name);
```

该方法返回一个以给定的"键"绑定到 session 上的"值"（对象）。如果不存在这样的绑定，则返回空值。

5. getValueNames()方法

getValueNames()方法原型为：

```
public String[] getValueNames();
```

以一个数组返回绑定到 session 上的所有数据的"键"。

6. invalidate()方法

invalidate()方法原型为：

```
public void invalidate();
```

终止 session。所有绑定在 session 上的数据都会被清除。

7. putValue()方法

putValue()方法原型为：

```
public void putValue(String name,Object value);
```

将数据以键-值对形式绑定到 session。已存在的同名的键将会覆盖。

8. removeValue()方法

removeValue()方法原型为：

```
public void removeValue(String name);
```

取消给定"键"的键-值对绑定。取消绑定后，通过该键访问键-值对的"值"将得到 NULL。

9. setMaxInactiveInterval()方法

setMaxInactiveInterval()方法原型为：

```
public int setMaxInactiveInterval(int interval);
```

设置秒数，这个秒数表示客户端不发送请求时，session 被 Servlet 引擎维持的最长时间。

4.8.12　HttpServlet 类

HttpServlet 是一个抽象类，是 GenericServlet 类的扩展，提供了处理 HTTP 协议的框架。HttpServlet 类的重要方法主要包括以下几个。

1. doDelete()方法

doDelete()方法原型为：

```
protected void doDelete(HttpServletRequest request,
    HttpServletResponse response)
    throws ServletException,
    IOException;
```

当被 HttpServlet 类的 service()方法调用时，doDelete()方法可用来处理 HTTP DELETE 操作。

2. doGet()方法

doGet()方法原型为：

```
protected void doGet(HttpServletRequest request,
    HttpServletResponse response)
    throws ServletException,
    IOException;
```

当被 HttpServlet 类的 service()方法调用时，doGet()方法可用来处理 HTTP GET 操作。

3. doHead()方法

doHead()方法原型为：

```
protected void doHead(HttpServletRequest request,
    HttpServletResponse response) throws ServletException,
    IOException;
```

当被 HttpServlet 类的 service()方法调用时，doHead()方法可用来处理 HTTP HEAD 操作。

4. doPost()方法

doPost()方法原型为：

```
protected void doPost(HttpServletRequest request,
    HttpServletResponse response) throws ServletException,
    IOException;
```

当被 HttpServlet 类的 service()方法调用时，doPost()方法可用来处理 HTTP POST 操作。

5. service()方法

service()方法原型为：

```
protected void service(HttpServletRequest request,
    HttpServletResponse response) throws ServletException,
    IOException;
```

```
public void service(ServletRequest request,ServletResponse response)
    throws ServletException,IOException;
```

service()方法默认转发 Http 请求到相应的 doXXX()方法中，如果重载此方法，默认操作则会被覆盖。因此，一般不建议重写 service()方法。

【聚沙成塔】

Servlet 是 JavaEE 的核心基础技术。

程序员编写的 Servlet 程序是用纯 Java 语言组成的，可以使用 Java 语言的全部优势，同时通过编写纯粹的 Java 语句可以完成各类网页页面或者 Web 程序的跳转/调用。

【科技载道】

创新往往是产生一种以往未见的运作对象，同时围绕这些运作对象提供一个庞大而又紧密的运行机制和规则。

习题四

1.什么是 Web 服务器？什么是 Servlet 容器？

2.简述 Servlet 的生命周期。

3.Servlet 的基本配置包含哪两部分？

4.使用 Servlet 技术编程实现工资计算程序中兼职教师的工资计算功能。

5.使用 Servlet 技术编程实现完整的 Web 计算器。

第5章　JDBC 与 Java Web 中的数据访问应用

5.1　JDBC 与关系数据库

【追根溯源】

要开发一个应用程序，离不开编程语言和数据库。编程语言和数据库之间相互支持，才能被开发者使用。从编程语言的角度，希望设计一种对所有不同数据库产品进行统一的接口；站在各个数据库产品的角度，如果能够被广泛使用，则要积极地通过统一接口来完成自身数据库各类功能的实现，即要提供所谓的驱动程序。

在现代计算机软件开发与技术应用过程中，计算机语言要能够真正成熟并广泛使用，该语言及其相关技术体系需要包含一个重要组成部分：数据库访问技术。Java 语言中，对表格型数据或者关系型数据进行访问的底层技术称为 JDBC（Java DataBase Connectivity，Java 数据库连接）。JDBC 包含数据库访问 API、数据库驱动程序管理器、JDBC 测试套件包与其他辅助连接工具。通常所说的 JDBC 一般是指 JDBC API。

目前应用广泛的关系数据库是指按行、列二元表结构进行逻辑组织、存储数据的数据存储系统。而关系数据库管理系统是指在关系数据库的基础上，对数据进行保存、更新以及检索的综合软件系统，通常所说的关系数据库是指关系数据库管理系统。现在使用广泛的关系数据库管理系统一般有 Oracle、SQL Server、PostgreSQL、MySQL 等。这些关系数据库管理系统的一个重要特点是，它们可以支持通用的 SQL 数据库查询语言。因此，我们可以使用同样的 SQL 语句来访问不同的关系数据库内逻辑结构相同的数据表，而不用过于关心数据库系统之间的差异。

5.1.1　JDBC 概述

在 Java 程序中，使用 JDBC 来访问数据库的步骤如下。

（1）连接到一个数据源，如 SQL Server 数据库系统。

（2）发送查询和更新的语句到 SQL Server 数据库系统。

（3）获取和处理数据库的结果，并返回给上一层。

以下代码就是按照这个步骤进行的一个小例子：

```
Connection con = DriverManager.getConnection
    ("jdbc:sqlserver://localhost;databaseName=testdb","sa","12345");
```

```
Statement stmt = con.createStatement();
ResultSet rs = stmt.executeQuery("SELECT a,b,c FROM test1");
while (rs.next()) {
    int x = rs.getInt("a");
    String s = rs.getString("b");
    float f = rs.getFloat("c");
    }
```

在以上代码中，首先使用 DriverManager 创建了一个数据连接，以用户名 sa、密码 12345 访问 SQL Server 数据库 testdb。然后创建一个 Statement 对象，使用该对象来传递一条 SQL 查询语句，并且提交给数据库执行。最后，返回的结果在 ResultSet 对象中，使用 ResultSet 对象的 next()方法，可以对每条查询到的记录进行操作。

从以上过程可以看到以下几个重要的类。

JDBC API 的连接创建和管理使用类 DriverManager，即我们提到的数据库驱动程序管理器。它使用连接字符串、用户名和密码创建一个连接。在连接字符串中可以看到"jdbc: sqlserver://localhost;databaseName=testdb"，其中 sqlserver 就是 SQL Server 数据库的 JDBC 架构的驱动程序。每一种关系数据库产品都有对应的 JDBC 驱动程序。在 sqlserver 后面以 ":" 引起的部分，是访问 SQL Server 下特定数据库的说明字符串，根据数据库产品的不同而有所区别。

JDBC API 使用 Statement 类来传递 SQL 语句，使用该类向数据库执行相应的语句后获得结果。

数据库查询到的结果被 JDBC 包装入相应的 Java 类，以便进行处理。这里接触到的是 ResultSet，它代表一个顺序排列的结果集，该结果集里的数据记录可以逐条枚举进行处理。

下面分别介绍这些类及相关的支持库。

开发第一个 JDBC 应用程序

5.1.2　Connection 接口

JDBC 要建立数据连接，可以使用专门的 DriverManager 类来创建需要访问的数据库连接实例。所有类型的数据库连接都由 DriverManager 类来创建，编程人员只需要给出正确的数据库实例字符串即可。但是要使 DriverManager 类的创建连接功能执行成功，Java 运行环境内还必须包含相应的 JDBC 数据库驱动程序。

DriverManager 类的 getConnection()方法用于创建数据库连接实例。这个方法返回一个 Connection 接口，JDBC 编程人员的所有数据库操作几乎都基于该接口对象完成。

Connection 接口主要包含以下几个重要方法。

createStatement()：用于创建一个 Statement 对象。

preparedStatement()：用于创建一个 PreparedStatement 对象。

close()：关闭连接。如果不关闭，则连接对象在垃圾回收的时候自动关闭。

rollback()：回滚事务，并释放连接过程中产生的锁定问题。默认情况下，回滚事务时，基于 Connection 创建的 CallableStatement 对象、PreparedStatement 对象、Resultset 对象都将被关闭。

commit()：提交事务，并释放连接过程中产生的锁定问题。默认情况下，提交事务时，基于 Connection 创建的 CallableStatement 对象、PreparedStatement 对象、Resultset 对象都将被关闭。

5.1.3 JDBC 数据库驱动程序

数据库驱动程序并不是 JDBC API 的一部分，它是由各数据库厂商或者第三方开发者为每个特定的数据库管理系统开发的满足 JDBC 规范的 Java 软件包。每个数据库驱动程序都必须实现 java.sql 包中的 Driver 接口以及 Connection 接口，使得基于 JDBC 的应用程序可以连接到特定的数据库。

表 5.1 列出了目前市面上比较流行的 JDBC 数据库驱动程序。注意，由于数据库产品版本经常更新，所以相应的驱动程序也会有一些变化，一般需要到数据库厂商的相关支持页面上获取相应的 JDBC 驱动程序信息。

表 5.1　JDBC 数据库驱动程序列表

数据库名	驱动程序名	下载网址
Oracle	ojdbc6dms.jar	http://www.oracle.com/technetwork/database/enterprise-edition/jdbc-112010-090769.html
MS SQL Server	sqljdbc4.jar	http://www.microsoft.com/downloads/details.aspx?FamilyID=99b21b65-e98f-4a61-b811-19912601fdc9&displaylang=zh-cn
MySQL	mysql-connector-java-5.1.13-bin.jar	http://dev.mysql.com/downloads/connector/j/
PostgreSQL	postgresql-8.4-701.jdbc3.jar	http://jdbc.postgresql.org/download.html

实际开发环境中，要使用某个数据库，必须将表 5.1 中对应的数据库驱动程序拷贝到开发项目的可引用类路径中，否则数据库连接类创建数据连接将失败。

5.1.4　数据库访问接口

获得数据库连接对象后，就可以使用 JDBC 的其他数据库访问对象对数据库进行增、删、改等操作了。

在 JDBC 里，最常使用的四种数据库访问接口是 SQL 语句访问接口 Statement、预编译 SQL 语句访问接口 PreparedStatement、数据库存储过程访问接口 CallableStatement 及数据库连接接口 Connection。其中：

（1）向数据库发送基本的 SQL 语句并要求执行时，使用 Statement 接口。

（2）向数据库发送预准备的 SQL 语句并要求执行时，使用 PreparedStatement 接口。

（3）当需要调用数据库的存储过程获得结果时，使用 CallableStatement 接口。

（4）创建语句本身，使用 Connection 接口。

Statement 接口还包含以下几个重要方法。

createStatement()：用于创建 Statement 对象。

executeQuery()：用于执行已编译好的 SQL 查询语句，返回值为 ResultSet 对象。

executeUpdate()：用于执行 INSERT、UPDATE、DELETE 语句，返回值是受影响的列数。

PreparedStatement 接口派生自 Statement 接口，可以直接使用 Statement 接口的方法。

5.1.5　数据库结果接口

使用数据库访问对象获取结果后，数据将以 JDBC 的 ResultSet 对象的形式返回。发送给数据库的 SQL 语句是一条不需要返回数据的删除语句或更新语句时，ResultSet 也保存执行结果。

ResultSet 主要包含以下几个重要方法。

next()：对查询结果集的操作。第一次调用该方法，将使得结果集的第一行成为当前行；第二次调用该方法，将使得结果集的第二行成为当前行；依此类推。如果待操作的"当前行"存在，则返回 true，否则返回 false。

close()：立即释放 ResultSet 对象使用的资源。

5.1.6　建立实例数据库

本书使用 SQL Server 2008 R2 建立名为 teachersalary 的数据库，同时建立三张数据表。表

5.2 至表 5.4 是这三张数据表的字段。

表 5.2　教师信息表 teacherinfo

字段名称	字段类型及长度	中文简述	主键否	外键	备注
tno	char(5)	教师编号	√		五位数字编号，不足五位，前面补零
teachername	varchar(10)	教师姓名		√	
age	int	年龄			
sex	char(1)	性别			"男" 或 "女"
title	varchar(10)	职称			

表 5.3　教师课时表 courseinfo

字段名称	字段类型及长度	中文简述	主键否	外键	备注
tno	char(5)	教师编号	√		
coursemonth	char(6)	记录月份			四位年份数字+两位月份数字
coursecount	int	基本课时数			
overcourse	int	加班课时数			

表 5.4　教师月工资表 monthsalary

字段名称	字段类型及长度	中文简述	主键否	外键	备注
tno	char(5)	合同编号	√		
smonth	char(6)	工资发放月份			四位年份数字+两位月份数字
base	money	基本工资数		√	
overtime	money	加班工资			
bonus	money	奖金			
positionpay	money	岗位工资			

在教师信息表 teacherinfo 中输入测试数据，结果如图 5.1 所示。

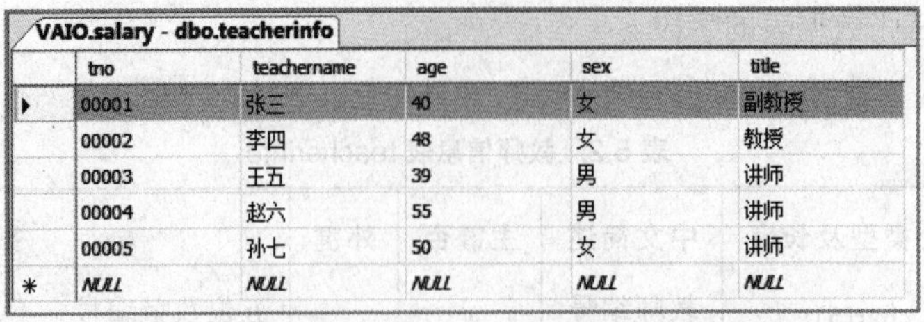

VAIO.salary - dbo.teacherinfo				
tno	teachername	age	sex	title
00001	张三	40	女	副教授
00002	李四	48	女	教授
00003	王五	39	男	讲师
00004	赵六	55	男	讲师
00005	孙七	50	女	讲师
NULL	NULL	NULL	NULL	NULL

图 5.1　教师信息表 teacherinfo 的全部测试数据

5.2　应用 JDBC 完成数据库访问

5.2.1　建立数据库连接

首先保证 SQL Server 正常运行，且 salary 数据库可正常访问。

在 Eclipse 中新建一个 Java 控制台项目，点击 File→New→Other，出现如图 5.2 所示的对话框。

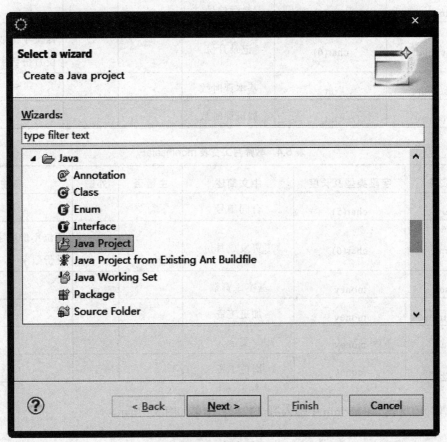

图 5.2　新建项目

点击 "Next" 按钮，出现如图 5.3 所示的对话框，在 "Project name" 文本框中输入 "salary"。

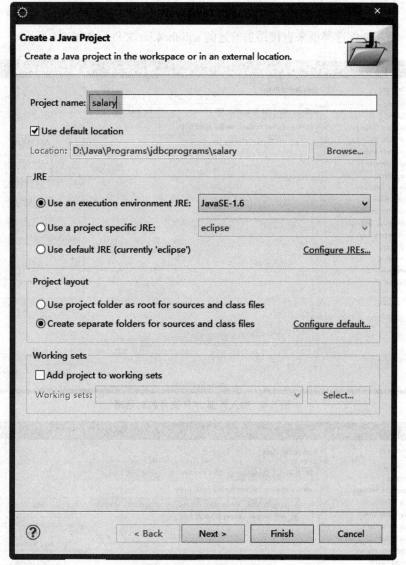

图 5.3　输入项目名为 salary

点击 "Finish" 按钮，项目建立完成，可以在左侧工程浏览器中看到 salary 的项目节点。

然后在前面提及的网址位置下载 SQL Server 的 jdbc 驱动程序。将下载下来的压缩文件解压后，把里面的 sqljdbc4.jar 文件拷贝到 JDK 的类库位置或者 salary 项目源代码所在的位置（即项目的可引用类路径）。设置方法如下。

- 在 Eclipse 的左侧工程浏览器中的 salary 项目节点上点击鼠标右键，或者在 "Projects" 菜单中选择 "Properties" 选项，打开 salary 项目属性窗口。

- 在 salary 项目属性设置中，选择 "Java Build Path" 节点，然后选择右侧页面的 "Libraries" 选项卡。

- 在 "Libraries" 选项卡中，可以选择右侧的 "Add External JARs…" 按钮，如图 5.4 所示。使用文件选择框来直接添加前述的 sqljdbc4.jar 文件，如图 5.5 所示。

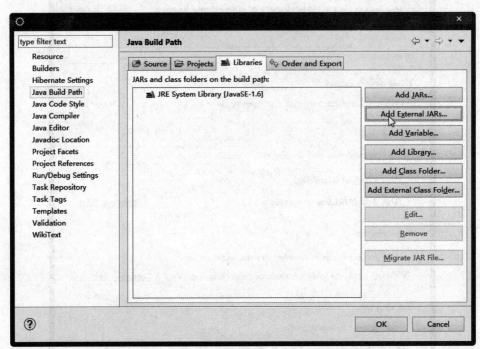

图 5.4　加入外部 JAR 文件的对话框

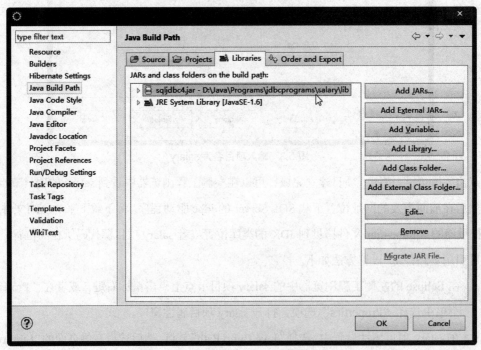

图 5.5　加入 sqljdbc4.jar 文件后的对话框

点击"OK"按钮，设置完毕。

注意，实例中的 sqljdbc4.jar 是放置在 D:\Java\Programs\jdbcprograms\salary\lib 中的。我们对 sqljdbc4.jar 的位置没有具体要求。

以上设置完毕后，表明进行 SQL Server 数据库应用程序开发的数据库驱动安装配置的工作已完成。此时，本项目即可以使用 SQL Server 数据库进行后续的编程工作了。

首先在项目中创建一个新的 Java 类，如图 5.6 所示。

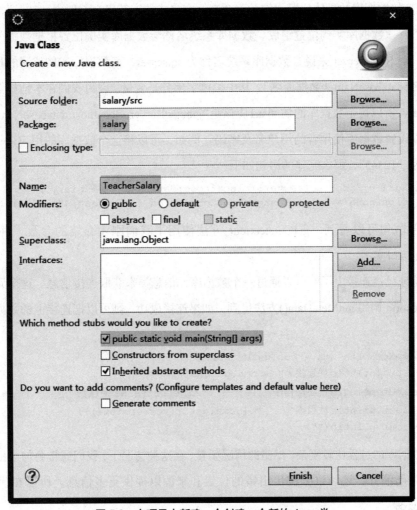

图 5.6　在项目中新建一个创建一个新的 Java 类

在 TeacherSalary 类源码中添加如下导入语句，引入 jdbc 包：

```
import java.sql.*;
```

然后需要在代码中载入 SQL Server 数据库驱动程序。这样做是为了将 SQL Server 的驱动程序进行注册。注册后的驱动程序才能够让 DriverManager 创建数据连接。我们采用 Class 的装载方法装载驱动程序，这必须提供驱动程序类的全名。SQL Server 驱动程序的全名是com.microsoft.sqlserver.jdbc.SQLServerDriver，下面是相应的代码：

```
Class.forName("com.microsoft.sqlserver.jdbc.SQLServerDriver");
```

至此，可以使用 DriverManager 来连接 SQL Server 里创建的 salary 数据库。这需要使用DriverManager 的 getConnection()方法。该方法有三个重载方法，最常使用的一种方法需要 url、user、password 三个参数，分别对应数据库的具体位置、数据库用户名及密码。

url 是连接数据库的具体位置，它是一个有一定格式的字符串，一般由"jdbc:"+数据库系统名称+"://"+数据库实例位置组成。数据库系统名称与数据库实例位置根据数据库系统的不同而不同，对 SQL Server 来说，数据库系统名称为 sqlserver，而数据库实例位置的具体形式为"**服务器名**;databaseName=**数据库名**"，其中黑体字部分是变量。因为我们在本地机器上建立了数据库 salary，所以这个数据库的访问 url 应该是"jdbc:sqlserver://localhost;databaseName=salary"。

还可以设置数据库使用者的用户名及密码。例如，可以将这个数据库的用户名设为"sa"，密码设置为"12345"，那么完整的语句如下：

```
String url = "jdbc:sqlserver://localhost;databaseName=salary";
Connection conn = DriverManager.getConnection (url, "sa", "12345");
```

从以上语句可以看到，getConnection()方法使用了我们刚才介绍的参数，并且会返回Connection 接口实例。

如何验证已经连接上了？可以通过一个数据库元信息类来获取连接信息。这个元信息由刚才的 Connection 调用 getMetaData()方法得到。如果连接成功，则可以把连接上的数据库的信息打印出来：

```
DatabaseMetaData dma = con.getMetaData ();
System.out.println("连接上" + dma.getURL());
System.out.println("驱动程序        " + dma.getDriverName());
System.out.println("版本          " + dma.getDriverVersion());
System.out.println("");
```

连接数据库的过程比较复杂，出错的情况频繁，在这种情况下，我们通常会加上出错处理，除避免程序崩溃外，还可以分辨出出错的位置和来源以提供更多信息。所以在代码中加入try…catch 处理：

```
try{
...
con.close();
}
catch (SQLException ex) {
    System.out.println ("\n*** 发生 SQL 异常 ***\n");
```

```
    while (ex != null) {
        System.out.println ("SQL 状态: " + ex.getSQLState());

        System.out.println ("消息: " + ex.getMessage());

        ex = ex.getNextException();
        System.out.println("");
        }
    }
}
```

案例 5.1　连接 SQL Server 数据库。

完整代码段如下:

```
package salary;
import java.sql.*;

public class TeacherSalary {
public static void main(String[] args) {
        String url = "jdbc:sqlserver://localhost;databaseName=salary";
        try {
            Class.forName("com.microsoft.sqlserver.jdbc.SQLServerDriver");
            Connection con = DriverManager.getConnection(url,"sa","12345");
            DatabaseMetaData dma = con.getMetaData();
            System.out.println("连接上" + dma.getURL());

            System.out.println("驱动程序        " + dma.getDriverName());

            System.out.println("版本        " + dma.getDriverVersion());

            System.out.println("");

        } catch (SQLException ex) {
System.out.println ("\n*** 发生 SQL 异常 ***\n");
while (ex != null) {
            System.out.println ("SQL 状态: " + ex.getSQLState());

            System.out.println ("消息: " + ex.getMessage());

            ex = ex.getNextException();
            System.out.println("");
        }
    } catch (java.lang.Exception ex) {
        ex.printStackTrace();
    }


    }
}
```

可以在控制台中看到运行结果如图 5.7 所示。

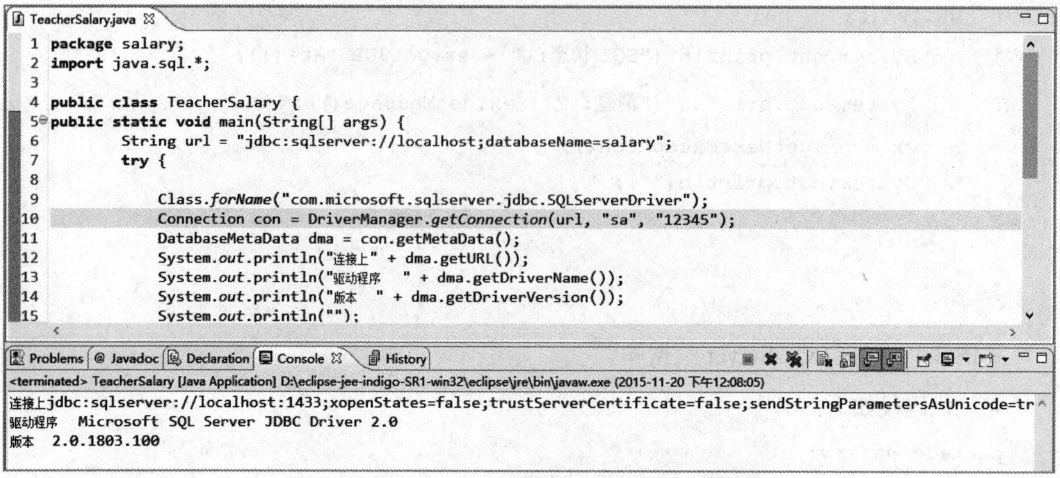

图 5.7　应用 JDBC 完成数据库连接的运行结果图

5.2.2　查询数据库

数据库连接成功后，可以查询数据库中的数据。如 5.1 节所说，使用 Statement 对象来封装 SQL 语句，并传递到数据库进行查询。这里使用 JDBC 来查找数据库里所有教师的基本信息，将它们逐条输出到控制台上。

查找所有教师的基本信息使用的 SQL 语句如下：

```
"SELECT * FROM teacherinfo"
```

可以创建一个 Statement 对象，用来发送这条 SQL 语句。创建 Statement 的方法不是使用 new 语句，而是使用前面得到的 Connection 对象的 createStatement()方法。这个方法不带任何参数，并且返回一个新创建的 Statement 对象，在创建 Statement 对象后，就可以使用该对象对数据库发送 SQL 语句了。代码如下：

```
String query = "SELECT * FROM teacherinfo";
Statement stmt = con.createStatement();
ResultSet rs = stmt.executeQuery(query);
```

ResultSet 是语句执行的结果。正常执行完毕后，该结果集对象里顺序排列所有教师信息记录。ResultSet 的 Next 方法的作用是将结果集的读取位置移到当前记录的下一条记录，使下一条记录变成当前记录。如果已经到达结果集的结束位置，Next 方法会返回 false，否则返回 true。因此，可以在循环中不断地调用 Next 方法，对结果集进行遍历，直到 Next 方法返回 false 时终止该循环。可以使用 ResultSet 的字段读取当前记录的值，并且将每条记录输出到控制台上。

Result 的字段读取方法以"get＋字段数据类型"为名称，以一个字段名称作为参数。数据库对应字段的数据类型是什么，就使用相应的数据类型读取方法，比如某字段数据类型为长整型 long，就使用 getLong()方法读取。数据类型是字符串 String，就使用 getString()方法。

以下是整个读取记录并输出的代码：

```
while(rs.next()){
    System.out.println("编        号: " + rs.getString("tno"));
    System.out.println("教师名称: " + rs.getString("teachername"));
    System.out.println("年        龄: " + rs.getInt("age"));
    System.out.println("性        别: " + rs.getString("sex"));
    System.out.println("职        称: " + rs.getString("title"));
    System.out.println("******************************");
}
```

案例 5.2　查询 SQL Server 数据库。

完整代码段如下：

```
package salary;
import java.sql.*;
public class TeacherSalary {
public static void main(String[] args) {
        String url = "jdbc:sqlserver://localhost;databaseName=salary";
        try {
            Class.forName("com.microsoft.sqlserver.jdbc.SQLServerDriver");
            Connection con = DriverManager.getConnection(url,"sa","12345");
            String query = "SELECT * FROM teacherinfo";
            Statement stmt = con.createStatement();
            ResultSet rs = stmt.executeQuery (query);
            while(rs.next()){
                System.out.println("编        号: " + rs.getString("tno"));
                System.out.println("教师名称: " + rs.getString("teachername"));
                System.out.println("年        龄: " + rs.getInt("age"));
                System.out.println("性        别: " + rs.getString("sex"));
                System.out.println("职        称: " + rs.getString("title"));
                System.out.println("******************************");
            }
            rs.close();
            con.close();

        } catch (SQLException ex) {
            System.out.println ("\n*** 发生 SQL 异常 ***\n");
            while (ex != null) {
                System.out.println ("SQL 状态:" + ex.getSQLState());
                System.out.println ("消息:" + ex.getMessage());
                ex = ex.getNextException();
                System.out.println("");
            }
        } catch (java.lang.Exception ex) {
            ex.printStackTrace();
        }
    }
}
```

运行结果如下：

编　　　号:00001

教师名称:张三

年　　　龄:40

性　　　别:女

职　　　称:副教授

＊＊＊＊＊＊＊＊＊＊＊＊＊＊＊＊＊＊＊＊＊＊＊＊＊＊＊＊＊＊

编　　　号:00002

教师名称:李四

年　　　龄:48

性　　　别:女

职　　　称:教授

＊＊＊＊＊＊＊＊＊＊＊＊＊＊＊＊＊＊＊＊＊＊＊＊＊＊＊＊＊＊

编　　　号:00003

教师名称:王五

年　　　龄:39

性　　　别:男

职　　　称:讲师

＊＊＊＊＊＊＊＊＊＊＊＊＊＊＊＊＊＊＊＊＊＊＊＊＊＊＊＊＊＊

编　　　号:00004

教师名称:赵六

年　　　龄:55

性　　　别:男

职　　　称:讲师

＊＊＊＊＊＊＊＊＊＊＊＊＊＊＊＊＊＊＊＊＊＊＊＊＊＊＊＊＊＊

编　　　号:00005

教师名称:孙七

年　　　龄:50

性　　　别:女

职　　　称:讲师

＊＊＊＊＊＊＊＊＊＊＊＊＊＊＊＊＊＊＊＊＊＊＊＊＊＊＊＊＊＊

【小练习】

1. 输出张三的全部信息。

2. 输出张三的姓名和年龄。

3. 输出孙七的信息,如果不存在,则输出"不存在"。

4. 输出年龄最小的教师。

5. 输出年龄最小的教师姓名(提示:"Select teachername from teacherinfo where age =(Select min(age) FROM teacherinfo)")。

6. 输出所有姓"张"的教师信息(提示:"Select * from teacherinfo where teachername like '张%'")。

开发第一个 JDBC-Web 应用

5.2.3　Statement 更新数据库

Statement 对象不但可以用来执行查询的 SQL 语句，也能执行那些进行数据更新和删除的 SQL 语句。执行对数据库进行数据更新的 SQL 语句时，应该使用 executeUpdate()方法。数据更新的 SQL 语句包括 INSERT、UPDATE、DELETE。

如向数据表 teacherinfo 中插入一条教师信息记录。SQL 语句如下：

```
"INSERT INTO teacherinfo values('00001','张三',25,'男','助教');"
```

要让这条 SQL 语句工作，需要使用前面获得的 Connection 对象来发送该 SQL 语句。executeUpdate()方法的返回值是一个 int 型，它是被数据更新语句所影响的数据行数量。如果没有任何数据被更新，则返回值为 0，意味着更新失败。我们可以根据这个返回值来进行相应的出错处理。代码如下：

```
String query="INSERT INTO teacherinfo values('00001','张三',25,'男','助教');"
Statement stmt = con.createStatement();
int result = stmt.executeUpdate(query);
if(result == 0) throw new Exception("更新数据失败");
```

执行完这几行语句后，数据表 teacherinfo 内便会增加一条编号为"00001"的数据记录。

如果需要更改一条记录的数据，同样使用 Statement 对象的方法。不同的是，SQL 语句应该如下：

```
String query = "UPDATE teacherinfo SET age=31 where tno='00001';";
```

代码与上一个例子相比，只是 Statement 对象里的 SQL 语句不同。同样，我们要对 executeUpdate()方法的返回值进行检查，以进行出错处理。代码如下：

```
String query = "UPDATE teacherinfo SET age=31 where tno='00001';";
Statement stmt = con.createStatement();
int result = stmt.executeUpdate(query);
if(result == 0) throw new Exception("更新数据失败");
```

与上面的插入、更新数据情形一样，需要删除某条记录，只是改变 SQL 语句。要删除 tno 编号为"00001"的教师记录，SQL 语句形式如下：

```
String query = "DELETE teacherinfo where tno='00001';";
```

与前两种情形相同，我们仍然使用相同的代码段，只是用于更新操作的 SQL 语句进行了改变。

从以上叙述可以看出，Statement 对象的 executeUpdate()方法是 SQL 更新数据语句的封装，只需简单地把 INSERT、UPDATE、DELETE 等需要执行的语句作为 executeUpdate()方法的调用参数。由于它实际上是直接向数据库发出 SQL 请求，所以只要底层数据库支持的 SQL 更新语句都可以。

虽然使用这种方式调用 SQL 语句简单、方便，但是，当需要对检索出来的数据进行即时修改时，这时使用 SQL 语句执行就会占用多的数据库资源，同时，SQL 语句的语法过于复杂，一旦语句出现错误，在 Java 编程环境中就很难找到。

所以 JDBC 提供了另外一种数据更新的方式，对查询出来的结果集进行数据更新，不需要书写 SQL 语句就可以对当前返回的结果集中的记录进行修改或删除。

为了使用这种方式，应该先创建相应的数据表来更新结果集。这时可以使用 Connection 接口中另一个创建 Statement 对象的方法 createStatement(int resultSetType,int resultSetConcurrency)。

第一个参数指明结果集的类型，它的取值可以如下。

ResultSet.TYPE_FORWARD_ONLY：表示该结果集只能向前访问，即结果集的访问位置只能前向移动，不能随机移动。它是默认的类型。

ResultSet.TYPE_SCROLL_INSENSITIVE：表示访问位置可以随机指向结果集内的任意一条记录。但是结果集内新增的数据不能查看。

ResultSet.TYPE_SCROLL_SENSITIVE：表示除了访问位置可以指向任意一条记录外，结果集的新增记录也能够马上查看。

第二个参数指明结果集的并发类型，查看这个参数实际控制的结果集内容能否修改。它取值可以如下。

ResultSet.CONCUR_READ_ONLY：表示数据只读，结果集的数据无法被修改。这是默认并发类型。

ResultSet.CONCUR_UPDATABLE：表示结果集内的数据可以修改。

因此，要得到一个可以修改内容的结果集，就以下面语句来创建一个 Statement 对象，指示 SQL 语句执行后不但可以修改数据，还可以在结果集里任意改变读取记录的位置，并且可以查看新建的数据。

```
Statement stmt = con.createStatement(ResultSet.TYPE_SCROLL_SENSITIVE,
ResultSet.CONCUR_UPDATABLE);
```

因为要修改教师信息表里的数据，所以使用这一条 SQL 语句：

```
"SELECT * FROM teacherinfo"
```

注意，这条 SQL 查询语句决定了被修改数据的范围。可以给出查询的各种附加条件来限定该范围。

　　使用 executeQuery 语句获得结果集后，就可以对当前的记录进行修改了。对记录里数据的修改，使用 get 系列方法对应的 update 系列方法，update 系列方法是一组方法的统称，它们是针对当前记录里各种字段数据类型进行修改的方法，如某个字段数据类型为 Int，那我们应该使用 updateInt 方法，某个字段为 String 数据类型，我们应该使用 ResultSet 对象的 updateString()方法。

　　使用 update 系列方法更新的只是数据集里当前记录的缓存数据。每一条记录的修改要真正提交给数据库，必须调用 ResultSet 对象的 updateRow()方法。

　　更新完一条记录，可以向前向后移动当前记录位置，以对其他数据进行更新。下面是将所有的教师职称都设置为"助教"的代码：

```
String query= "SELECT * FROM teacherinfo";
Statement stmt = con.createStatement(ResultSet.TYPE_SCROLL_SENSITIVE,
    ResultSet.CONCUR_UPDATABLE);

ResultSet rs = stmt.executeQuery(query);
while(rs.next()){
    rs.updateString("title","助教");
    rs.updateRow();
}
stmt.close();
```

　　要添加一条记录怎么做？使用 ResultSet 对象的 insertRow()方法。注意，在调用该方法之前，必须建立一条新记录，并且对该记录执行 update 系列方法，对该记录的每个字段都要写入有效的值。创建新记录的方法实际上就是将当前记录移到一个空白的缓冲区开头，以放入新的记录数据。这是通过调用 ResultSet 对象的 moveToInsertRow()方法做到的。

　　下面是新建一条教师记录的代码：

```
Statement stmt = con.createStatement(ResultSet.TYPE_SCROLL_SENSITIVE,
    ResultSet.CONCUR_UPDATABLE);

ResultSet rs = stmt.executeQuery(query);
rs.moveToCurrentRow();
rs.updateString("tno","00003");
rs.updateString("teachername","王兴邦");
rs.updateInt("age",37);
rs.updateString("sex","男");
rs.updateString("title","讲师");
rs.insertRow();
```

　　结果集 ResultSet 对象的 deleteRow()方法可以删除数据库中的记录。但是这个方法只能删除当前记录。所以这种情况下，首先会使用查询 SQL 语句得到需要删除的记录，再在结果集里移动当前记录一条条地删除，请参见案例 5.3。

案例 5.3 将所有年龄超过 70 岁的教师记录在数据库中删除。

```
String query = "SELECT * FROM teacherinfo WHERE age > 70";
Statement stmt = con.createStatement(ResultSet.TYPE_SCROLL_SENSITIVE,
    ResultSet.CONCUR_UPDATABLE);
ResultSet rs = stmt.executeQuery(query);
while(rs.next()){
    rs.deleterow();
}
stmt.close();
```

5.2.4 预准备语句

使用 Statement 虽然可以向数据库直接发送 SQL 语句，但是它有两个弊端：首先，没有效率，每次发送 SQL 语句，都必须在底层的数据库系统内先编译再执行，对于重复的调用，浪费大量的计算机资源。其次，SQL 语句是硬编码，无法对发送到数据库的 SQL 语句传递参数，而这恰恰是如按条件查询、分页浏览等重要应用所需要的。

针对这种应用，JDBC 提供了预准备语句类。顾名思义，预准备语句就是指预先编译好的 SQL 语句。向数据库系统发送的是预先编译好的 SQL 语句，自然效率大大提高。另外一个重要特点，就是可以给预编译 SQL 语句设置参数，这样能够在应用级别传递 SQL 语句里的重要参数，大大提高了应用程序的灵活性。

下面是一个预准备语句的例子：

```
PreparedStatement updateSales = con.prepareStatement(
        "UPDATE teacherinfo SET age = ? WHERE age >= ?");
updateSales.setInt(1,24);
updateSales.setInt(2,70);
updateSales.executeUpdate():
```

从以上代码可以看到，预准备语句类是 PreparedStatement。它是由 Connection 接口的 prepareStatement()方法创建的。该方法接收一条带有参数的 SQL 语句。

这种带参数的 SQL 语句里，仍然按照 SQL 语言的语法，只是应该出现常量的位置可以用 "?" 代替，每一个 "?" 就是一个输入参数。预准备语句对参数位置从 1 开始进行编号，第一个出现的 "?" 为 1，第二个出现的 "?" 为 2，依此类推。当对预准备语句设置参数时，按照编号设置对应参数的值。

在设置参数的值的时候，同样使用与 ResultSet 对象相似的 set 方法族。也就是说，参数是什么数据类型，就使用与该类型对应的 set 方法。PreparedStatement 类的 set 方法族具有如下形式：

```
setDataType(int position,datatype value)
```

斜体部分表示根据实际类型变化。第一个参数是 int，从 1 开始取值，表示参数位置。第二个参数根据设置值的数据类型的不同而不同。比如设置整型参数的原型方法如下：

```
setInt(int position,int value);
```

设置字符串类型参数的方法原型如下：

```
setString(int position,String value);
```

现在需要获取某一月份具有某个职称的教师的课时数，可以构造一条带参数的 SQL 语句，其中月份、教师职称作为参数。

```
String query="select c.tno,t.teachername,t.age,t.sex,t.title,c.coursemonth,
    c.coursecount,c.overcourse from courseinfo as c,teacherinfo as t
    where c.tno = t.tno AND c.coursemonth = ? AND t.title=?";
```

然后使用 Connection 接口创建一个预准备语句对象，并且设置月份与教师职称作为参数。如果想查看 2010 年 8 月职称为"助教"的教师，那应该针对这两个参数分别调用 setString()方法。最后，使用 PreparedStatement 的 executeQuery()方法得到结果集并输出。代码如下：

```
PreparedStatement pstmt = con.prepareStatement(
    query);
pstmt.setString(1,"201008");
pstmt.setInt(2,"助教");
ResultSet rs = pstmt.executeQuery();

while(rs.next()){
    System.out.println("编        号: " + rs.getString("tno"));
    System.out.println("教师名称: " + rs.getString("teachername"));
    System.out.println("年        龄: " + rs.getInt("age"));
    System.out.println("性        别: " + rs.getString("sex"));
    System.out.println("职        称: " + rs.getString("title"));
    System.out.println("年        月: " + rs.getString("coursemonth"));
    System.out.println("课时量: " + rs.getInt("coursecount"));
    System.out.println("加班课时量: " + rs.getInt("overcourse"));
    System.out.println("*****************************");
}
pstmt.close();
```

PrepareStatement

5.2.5　结果集

前面一直在使用结果集对象，这里主要归纳一下几个重点。

结果集对象是由 Statement 对象或者 PreparedStatement 对象经过数据库查询得到的。在创建

Statement 或者 PreparedStatement 对象时指定结果集的创建类型，可以使用默认设置，也可以通过设置结果集访问类型和并发类型进行控制。

默认结果集是只读的，无法更改数据，同时它只能前向读取数据记录，不能随机访问。在创建 Statement 和 PreparedStatement 对象时，调用 Connection 接口的 createStatement()方法和 prepareStatement(String sql)方法，可以获取这种默认的结果集。

根据访问类型和并发控制类型的设置，可以修改结果集中的内容，也能随机访问结果集里的任意数据记录。在创建 Statement 和 PreparedStatement 对象时，调用 Connection 接口的 createStatement(int resultSetType,int resultSetConcurrency)方法和 prepareStatement(String sql,int resultSetType,int resultSetConcurrency)方法，可以获取这种结果集。

当结果集的访问类型不是前向访问时，即创建时的第一个参数为 ResultSet.TYPE_SCROLL_SENSITIVE 或 ResultSet.TYPE_SCROLL_INSENSITIVE，结果集可以使用一组方法自由指定当前读取记录的位置，这组方法如下。

- first()：指定读取位置是结果集内的第一条记录。
- last()：指定读取位置是结果集内的最后一条记录。
- next()：这是最常见的，读取位置是当前记录的下一条记录。
- previous()：指定读取位置是当前记录的前一条记录。
- absolute(int row)：指定读取位置是结果集内指定的第 n 条记录。n 值由参数 row 指定。
- relative(int rows)：指定读取位置是当前记录后面或者前面的 n 条记录。n 值由 rows 参数指定。rows 可以取负值，以说明从当前记录向前还是向后计数。当 rows 为负时，表示是当前记录前 n 条记录，当 rows 为正时，表示向后 n 条记录。所以，relative(1)和 relative(−1)分别等同于 next()和 previous()。

默认创建的结果集只能使用 next()方法。

结果集的 get 系列方法和 update 系列方法分别读取和设置当前记录的字段。前面已经提过，之所以称它们为系列方法，是因为它们都完成类似的事（对相应数据类型的字段进行读取或设置），方法名称、参数个数、用途以及使用方法都几乎相同。区别仅在于针对不同类型的数据。

get 系列方法的原型如下，斜体部分随数据类型的不同而相应变化。

- *DataType* get*DataType*(int index);

这个方法以一个整型值为参数，该值是记录中字段的索引值，从 1 开始。也就是说，取记录的第一个字段，该值为 1，取记录的第二个字段，该值为 2，依此类推。

- *DataType* get*DataType*(String columnName);

这个方法以一个字符串值为参数，字符串是记录中字段的名称。字段名称是大小写敏感的。

update 系列方法的原型如下，同样，斜体部分随数据类型的不同而相应变化。

- void update*DataType*(int index,*DataType* value);

这个方法里的 index 与对应的第一类 get 系列方法相同，是记录中字段的索引值，而 value 是对应数据类型的更新字段的值。

- void update*DataType*(String columnName,*DataType* value);

这个方法里的 columnName 参数与第二类 get 系列方法的相同，是记录中字段的名称。

ResultSet 对象提供这些方法，可以通过索引或字段名称对当前记录的字段进行操作。数据集并发类型为可更改，即 ResultSet.CONCUR_UPDATABLE 时，update 系列方法才能使用。

5.2.6　事务处理

大部分应用程序中的逻辑操作都不可能只用一条 SQL 语句来完成，而需要多条 SQL 语句完成。根据数据完整性原则，对于逻辑操作来说，这一组 SQL 语句要么都执行成功，要么都执行失败，否则就会导致数据库中数据不一致的后果。这样一组同进同退的 SQL 操作称为事务。请参见案例 5.4。

案例 5.4　连续插入两条记录作为一个事务。

代码如下：

```java
import java.sql.*;
public class OperateTeacher {
public static void main(String[] args) throws SQLException {
    //TODO Auto-generated method stub
    String url = "jdbc:sqlserver://localhost;databaseName=salary";
    Connection con =null;
    try {
        con= DriverManager.getConnection(url,"sa","12345");
        DatabaseMetaData dma = con.getMetaData();
        System.out.println("连接上" + dma.getURL());
            con.setAutoCommit(false);

        Statement stmt = con.createStatement();
        String query1="INSERT INTO teacherinfo values('00007','张八',25,'男','助教')";
        String query2="INSERT INTO teacherinfo values('00007','张八二',25,'男','助教')";
        stmt.executeUpdate(query1);
        stmt.executeUpdate(query2);
        con.commit();
    }
    catch(Exception e){
        con.rollback();
        System.out.println(e.getMessage());
    }
    }
}
```

程序运行将会发生异常。

两条记录均不会插入数据库中。因为这两条记录要么同时插入成功，要么同时失败。第一条记录所在的教师编号 "00007" 是主键唯一的，而第二条记录又是 "00007"，违背了 "主键值唯一" 的数据完整性原则，所以两条均不能插入成功。

JDBC 中默认的 SQL 语句是自动提交的。也就是将每一条 SQL 语句都看成一个事务，每次发送一条 SQL 语句，就立即执行，这条语句执行完毕后立即更新到数据库。我们要把多条 SQL 语句结合在一起组成一个事务，首先必须停止 JDBC 的自动提交功能。这是通过调用 Connection 接口的 setAutoCommit() 方法实现的。这个方法接收一个 bool 类型的参数，指定该数据连接是否使用自动提交。传入 false，代表关闭数据提交。如以下语句：

```
conn.setAutoCommit(false);
```

接下来执行多条 SQL 语句，完成事务处理。这里要执行的操作是写入教师的上课工资信息。将一位教师某月的课时量写入数据表 courseinfo 的同时，还必须同时写入该位教师某个月的工资所得。基本工资的计算公式为基本课时量×每课时工资；加班工资的计算公式为加班课时量×加班每课时工资，需要把计算出的工资数增加一条新的记录放至数据表 monthsalary 中。我们使用两条 PreparedStatement 语句来执行这两个操作，代码如下：

```
PreparedStatement updateCourses = conn.prepareStatement(
    "INSERT INTO courseinfo values(?,?,?,?)");
updateCourses.setInt(1,50);
updateCourses.setString(2,"Colombian");
updateCourses.executeUpdate();
PreparedStatement updateSalary = conn.prepareStatement(
    "INSERT INTO monthsalary values(?,?,?,?,?,?)");
updateSalary.setInt(1,50);
updateSalary.setString(2,"Colombian");
updateSalary.executeUpdate();
```

如果还是使用自动提交，那么每次 executeUpdate() 方法的调用都会立即提交。现在这两条 SQL 语句执行后需要手动提交才能写入数据库，以完成这次事务操作。最后，为了使数据连接保持原来的状态，我们需要重新设置 SQL 语句为自动提交方式，代码如下：

```
conn.commit();
conn.setAutoCommit(true);
```

5.3　Java Web 中的 JDBC 数据访问实例

5.3.1　Web 页面显示数据实例

案例 5.5　在 Web 页面实现教师信息的显示功能。

本例使用的数据库管理系统是 SQL Server。教师的信息存放在"salary"数据库中。本例使用的数据表为 teacherinfo。

具体完成步骤为：首先在 Eclipse 中建立一个 Dynamic Web Project 类型的网站项目，实例项目名为 TestWeb；然后创建一个名为 GetTeachers.jsp 的页面。为了使用 SQL Server 的 JDBC 驱动程序，必须将 sqljdbc4.jar 文件复制到网站的 WEB-INF/lib 子目录下。这样，网站中的 JSP 页面、Servlet 及其他 Java Bean 就能够使用 JDBC 来访问 SQL Server 数据库了。

Web 项目的文件结构如图 5.8 所示。

图 5.8　Web 项目的文件结构

GetTeachers.jsp 源码如下：

```
<%@ page language = "java" contentType="text/html;charset=UTF-8"
    pageEncoding="UTF-8"%>
    <%@page import="java.sql.*" %>
<!DOCTYPE html PUBLIC "-//W3C//DTD HTML 4.01 Transitional//EN"
"http://www.w3.org/TR/html4/loose.dtd">
<html>
<head>
<meta http-equiv="Content-Type" content="text/html;charset=UTF-8">
<title>Insert title here</title>
</head>
<body>
<%String url = "jdbc:sqlserver://localhost;databaseName=salary";
    try {
    Connection con = DriverManager.getConnection(url,"sa","12345");
    DatabaseMetaData dma = con.getMetaData();
    System.out.println("连接上" + dma.getURL());
    String getResultStr = "Select * from teacherinfo";
    Statement stat = con.createStatement();
    ResultSet rs = stat.executeQuery(getResultStr);
    while (rs.next())
    {%>
```

```
    <span>姓名为: </span><%=rs.getString("teachername") %><br>
    <span>职称为: </span><%=rs.getString("title") %><br>
<%
    }
    rs.close();
    con.close();

}
catch (SQLException ex)
{
    System.out.println ("\n*** 发生 SQL 异常 ***\n"+ex.getMessage());
}
catch (java.lang.Exception ex)
{
    ex.printStackTrace();
}
%>
</body>

</html>
```

Web 页面显示全部教师信息的运行效果如图 5.9 所示。

图 5.9　Web 页面显示全部教师信息的运行效果图

5.3.2　Web 页面查询数据实例

案例 5.6　在 Web 页面实现教师信息查询的功能。要求：根据页面上的输入框输入教师编号，点击"提交"按钮后，页面应能显示该教师对应的其他信息。

本例使用的数据库管理系统是 SQL Server。教师的信息存放在"salary"数据库中。本例使用的数据表为 teacherinfo。

具体完成步骤为：首先在 Eclipse 中建立一个 Dynamic Web Project 类型的网站项目，实例项目名为 WageIS_UseClass；然后创建一个名为 teacherinfo.jsp 的页面。为了使用 SQL Server 的 JDBC 驱动程序，必须将 sqljdbc4.jar 文件复制到网站的 WEB-INF/lib 子目录下，如图 5.10 所示。这样，网站中的 JSP 页面、Servlet 及其他 Java bean 就能够使用 JDBC 来访问 SQL Server 数据库了。

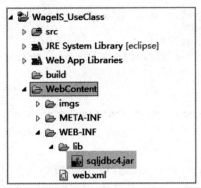

图 5.10　将 sqljdbc4.jar 加入项目后的文件结构图

实现方式一：从一个页面（QueryTeacher.jsp）提交数据到另一个页面（TeacherInfo.jsp），效果如图 5.11 和图 5.12 所示。

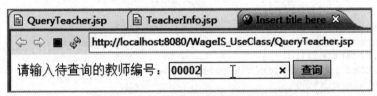

图 5.11　Web 页面设计查询界面的效果图

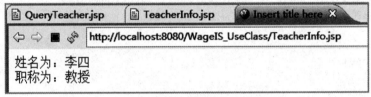

图 5.12　Web 页面显示查询结果的效果图（一）

QueryTeacher.jsp 源码如下：

```
<%@ page language="java" contentType="text/html;charset=utf-8"
    pageEncoding="utf-8"%>
<!DOCTYPE html PUBLIC "-//W3C//DTD HTML 4.01 Transitional//EN"
"http://www.w3.org/TR/html4/loose.dtd">
<html>
<head>
<meta http-equiv="Content-Type" content="text/html;charset=utf-8">
<title>Insert title here</title>
</head>
<body>
<form action = "TeacherInfo.jsp" method = "post">
    请输入待查询的教师编号: <input type="text" name = "teacherName"></input>
    <input type = "submit" value = "查询"></input>
</form>
</body>
</html>
```

TeacherInfo.jsp 源码如下：

```
<%@ page language="java" contentType="text/html;charset=utf-8"
    pageEncoding="utf-8"%>
<%@page import="java.sql.*" %>
<!DOCTYPE html PUBLIC "-//W3C//DTD HTML 4.01 Transitional//EN"
"http://www.w3.org/TR/html4/loose.dtd">
<html>
<head>
<meta http-equiv="Content-Type" content="text/html;charset=utf-8">
<title>Insert title here</title>
</head>
<body>
    <%request.setCharacterEncoding("utf-8");%>
    <%
    String url = "jdbc:sqlserver://localhost;databaseName=salary";
    Connection con = DriverManager.getConnection(url,"sa","12345");
    DatabaseMetaData dma = con.getMetaData();
    System.out.println("连接上" + dma.getURL());
    String query = "SELECT * FROM teacherinfo where tno=?";

    String s= request.getParameter("teacherName");
    PreparedStatement stmt = con.prepareStatement(query);
    stmt.setString(1,s);
    ResultSet rs = stmt.executeQuery();
    while (rs.next())
    {%>
<span>姓名为: </span><%=rs.getString("teachername") %><br>
<span>职称为: </span><%=rs.getString("title") %><br>
    <%
    }
    rs.close();
    con.close();
%>
</body>
</html>
```

如果使用同一个页面接收待查询的数据，并显示查询结果，那么具体设计与编码请参见实现方式二。

实现方式二：本例加入了一些 CSS 代码，使得查询界面更友好、美观。

具体过程为：在 jsp 页面里设计一个表格，可以显示单个教师的信息。teacherinfo.jsp 页面必须接收一个教师编号，才可以得到具体教师的信息。所以在表格上部添加一个表单，放置一个input框让用户填写教师编号，旁边放置一个"提交"按钮。表单的action直接填写teacherinfo.jsp，以完成由本页面自行处理教师信息的显示功能。当用户输入五位教师编号并点击"提交"按钮时，页面应该显示编号对应教师的信息。

jsp 页面处理部分则使用前面介绍的技术。获得五位编号后，创建一个 PreparedStatement 对象对数据库发出 SQL 调用，并且返回首条记录。

在表格区，如果返回的记录不为空，则读取记录里的教师信息，以填写相应的单元格。

teacherinfo.jsp 源码如下：

```jsp
<%@ page contentType = "text/html; charset=UTF-8"%>

<%@page import = "java.sql.*"%>
<%
    String url = "jdbc:sqlserver://localhost;databaseName=salary";
    String mytno = request.getParameter("tno");

    String query = "SELECT * FROM teacherinfo WHERE tno=?";
    boolean bhasdata = false;
    try {

        //Load the jdbc-odbc bridge driver
        Class.forName("com.microsoft.sqlserver.jdbc.SQLServerDriver");

        Connection conn = DriverManager.getConnection(url,"sa","12345");

        DatabaseMetaData dma = conn.getMetaData();

        System.out.println("连接上" + dma.getURL());
        System.out.println("驱动程序  " + dma.getDriverName());
        System.out.println("版本      " + dma.getDriverVersion());
        System.out.println("");

        PreparedStatement queryTeacher = conn.prepareStatement(query);
        queryTeacher.setString(1,mytno);
        ResultSet rs = queryTeacher.executeQuery();
        bhasdata = rs.next();
%>
<!DOCTYPE html PUBLIC "-//W3C//DTD XHTML 1.0 Transitional//EN"
"http://www.w3.org/TR/xhtml1/DTD/xhtml1-transitional.dtd">
<html xmlns="http://www.w3.org/1999/xhtml">
<head>
<meta http-equiv="Content-Type" content="text/html;charset=utf-8"/>
<title>教师信息</title>
<style type = "text/css">
<!--
body {
    font:100% Verdana,Arial,Helvetica,sans-serif;
    background: #666666;
    margin:0; /*最好将 body 元素的边距和填充设置为 0，以覆盖不同的浏览器默认值*/
    padding:0;
    text-align:center;
    /*在 IE 5*浏览器中，这会将容器居中。文本随后将在#container 选择器中设置为默认左对齐*/
    color:#000000;
}

.oneColElsCtr #container {
    width:46em;
    background:#FFFFFF;
    margin:0 auto; /*自动边距（与宽度一起）会将页面居中*/
    border:1px solid #000000;
```

```
    text-align:left;  /*将覆盖 body 元素上的"text-align: center"。*/
}

.oneColElsCtr #mainContent {
    padding:0 20px;  /*请记住，填充是 div 方块内部的空间，边距则是 div 方块外部的空间*/
}
-->
</style>
</head>

<body class = "oneColElsCtr">

<div id = "container">
<div id = "mainContent">
<h1>教师基本信息一览</h1>
<form action = "teacherinfo.jsp" method="post"
    style = "padding:0.5em 0.5em">请输入教师编号：<input name="tno"
    type = "text"/>  <input name="commit" type="submit"
    value = "查询"/></form>
<table width="90%" border="1" cellspacing="0">
    <%
        if (!bhasdata) {
    %>
    <tr>
        <td colspan="2">没有找到教师信息。</td>
    </tr>
    <%
        }
    %>
    <tr>
        <th style='width:4em'>编号:</th>
        <td>
        <%
        if (bhasdata) {
        %> <%=rs.getString(1)%><%
        }
    %>
        </td>
    </tr>
    <tr>
        <th>姓名:</th>
        <td>
        <%
        if (bhasdata) {
        %><%=rs.getString(2)%><%
        }
    %>
        </td>
    </tr>
    <tr>
        <th>性别:</th>
        <td>
        <%
```

```
            if (bhasdata) {
        %><%=rs.getString(3)%><%
        }
    %>
            </td>
        </tr>
        <tr>
            <th>年龄:</th>
            <td>
            <%
                if (bhasdata) {
            %><%=rs.getInt(1)%><%
            }
        %>
            </td>
        </tr>
        <tr>
            <th>职称:</th>
            <td>
            <%
                if (bhasdata) {
            %><%=rs.getString(5)%><%
            }
        %>
            </td>
        </tr>
</table>
<div style="height:20px;"></div>

<!--end #mainContent--></div>
<!--end #container--></div>
</body>
</html>
<%
    rs.close();
    conn.close();
    } catch (SQLException ex) {

        System.out.println("\n*** SQLException caught ***\n");

        while (ex != null) {
            System.out.println("SQLState: " + ex.getSQLState());
            System.out.println("Message: " + ex.getMessage());
            System.out.println("Vendor: " + ex.getErrorCode());
            ex = ex.getNextException();
            System.out.println("");
        }
    } catch (java.lang.Exception ex) {

        //Got some other type of exception.Dump it.

        ex.printStackTrace();
    }
%>
```

运行效果如图 5.13 和图 5.14 所示。

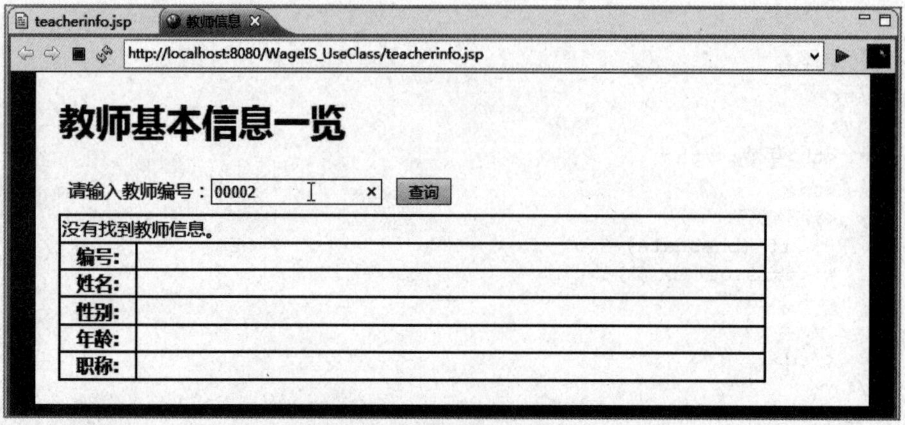

图 5.13　Web 页面显示查询结果的效果图（二）

图 5.14　Web 页面显示查询结果的效果图（三）

5.3.3　Web 页面模糊查询实例

模糊查询的关键是，在 T-SQL 语句中使用"%"。

常见模糊查询的需求有：查找以"x"结尾的所有数据，查找以"x"开头的所有数据，查找带有"x"的所有数据等。

查找所有以"三"结尾的教师信息的代码如下：

```
SELECT * FROM teacherinfo where teachername like '%三'
```

查找所有"张"姓的教师信息的代码如下：

```
SELECT * FROM teacherinfo where teachername like '张%'
```

查找所有姓名中含有"三"的教师信息的代码如下：

```
SELECT * FROM teacherinfo where teachername like '%三%'
```

案例 5.7　在 Web 页面中进行模糊查询的代码如下：

```
<%request.setCharacterEncoding("utf-8");%>
    <%
    String url = "jdbc:sqlserver://localhost;databaseName=salary";
    Connection con = DriverManager.getConnection(url,"sa","12345");
    DatabaseMetaData dma = con.getMetaData();
    System.out.println("连接上" + dma.getURL());
    String query = "SELECT * FROM teacherinfo where teachername like ?";
    String s= request.getParameter("teacherName");
    PreparedStatement stmt = con.prepareStatement(query);
    stmt.setString(1,"%"+s+"%");
    ResultSet rs = stmt.executeQuery();
    while (rs.next())
    {%>
    <span>姓名为: </span><%=rs.getString("teachername")%><br>
    <span>职称为: </span><%=rs.getString("title")%><br>
    <% }
    rs.close();
    conn.close();
%>
```

5.3.4　Web 页面组合条件查询实例

每个条件都转换为 SQL 语句中的 where 子句，这些子句通过 "and" 和 "or" 连接在一起。

查找所有年龄段在 20 至 40 岁之间的教师信息，代码如下：

```
Select * from teacherinfo where age>=20 and age<=40
```

案例 5.8　在 Web 页面中实现组合条件查询实例。

QueryTeacher.jsp 源码如下：

```
<%@ page language="java" contentType="text/html;charset=utf-8"
    pageEncoding="utf-8"%>
<!DOCTYPE html PUBLIC "-//W3C//DTD HTML 4.01 Transitional//EN"
"http://www.w3.org/TR/html4/loose.dtd">
<html>
<head>
<meta http-equiv="Content-Type" content="text/html;charset=utf-8">
<title>Insert title here</title>
</head>
<body>
<form action = "TeacherInfo.jsp" method = "post">
    <br>请输入年龄段开始值: <input type="text" name = "beginage"></input>
    <br>请输入年龄段结束值: <input type="text" name = "endage"></input>
    <br> <input type = "submit" value = "查询"></input>
</form>
</body>
</html>
Teacherinfo.jsp:
<body>
<%request.setCharacterEncoding("utf-8");%>
<%
String begin= request.getParameter("beginage");
```

```
String end= request.getParameter("endage");
String url = "jdbc:sqlserver://localhost;databaseName=salary";
try {
Connection con = DriverManager.getConnection(url,"sa","12345");
DatabaseMetaData dma = con.getMetaData();
System.out.println("连接上" + dma.getURL());
String query = "Select * from teacherinfo where age>=? and age<=?";
PreparedStatement stmt = con.prepareStatement(query);
stmt.setString(1,begin);
stmt.setString(2,end);
ResultSet rs = stmt.executeQuery();
while (rs.next())
{%>
<span>姓名为: </span><%=rs.getString("teachername")%><br>
<span>职称为: </span><%=rs.getString("title")%><br>
<%
    }
   rs.close();
   con.close();
}
catch (SQLException ex)
{
    System.out.println ("\n*** 发生 SQL 异常 ***\n"+ex.getMessage());
}
catch (java.lang.Exception ex)
{
    ex.printStackTrace();
}
%>
</body>
```

运行效果如图 5.15 至图 5.17 所示。

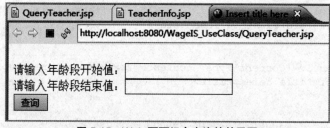

图 5.15　Web 页面组合查询的效果图

图 5.16　Web 页面组合查询的输入效果图

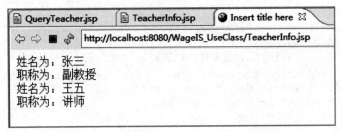

图 5.17　Web 页面显示组合查询结果的效果图

【小练习】

1.按姓名或者职称进行组合查询。

2.按姓名的部分信息或者性别进行组合查询。

提示：部分代码段如下：

```
String query = "SELECT * FROM teacherinfo where teachername like ? or sex=?";
String s= request.getParameter("teacherName");
PreparedStatement stmt = con.prepareStatement(query);
stmt.setString(1,"%" + s+"%");
stmt.setString(2,"男");
```

5.3.5　Web 页面更新数据实例

本节将重点介绍在 Web 页面中完成数据修改以及数据更新。

数据修改的设计，关键在于灵活运用 T-SQL 中的 UPDATE 语句。常见的实例是将所有教师的年龄增加相应的岁数，如下：

```
UPDATE teacherinfo SET age =age+1
```

案例 5.9　在 Web 页面中实现数据修改功能。

在项目 jdbcpro 中，新建 jsp 页面 EditTeacher.jsp，代码如下：

```
<%@ page language="java" contentType="text/html;charset=UTF-8"
    pageEncoding="UTF-8"%>
<%@page import = "java.sql.*" %>
<!DOCTYPE html PUBLIC "-//W3C//DTD HTML 4.01 Transitional//EN"
"http://www.w3.org/TR/html4/loose.dtd">
<html>
<head>
<meta http-equiv="Content-Type" content="text/html;charset=UTF-8">
<title>Insert title here</title>
</head>
<body>
<%String addage="";int number=0;
request.setCharacterEncoding("UTF-8");
if (request.getParameter("addage")!=null)
{
    addage = request.getParameter("addage");
    number = Integer.parseInt(addage);

    String url = "jdbc:sqlserver://localhost;databaseName=salary";
```

```
try {
    Connection con = DriverManager.getConnection(url,"sa","12345");
    DatabaseMetaData dma = con.getMetaData();
    System.out.println("连接上" + dma.getURL());
    PreparedStatement updateTeacher = con.prepareStatement(
    "UPDATE teacherinfo SET age =age+?");
    updateTeacher.setInt(1,number);
    updateTeacher.executeUpdate();
}
catch(Exception e){
    System.out.println(e.getMessage());
}
}
%>
    <form name ="inputPersonInfo" method = "post" action = "EditTeacher.jsp">

    将所有老师的年龄增加: <input name = "addage" type="text" value =
    <%=addage %>></input>岁<br></br>
    <input id = "enter" type="submit" value =
    "确定"><a href="EditTeacher.jsp">重新输入</a>
    </form>

<%if (request.getParameter("addage") != null)
{
 %>
    操作成功, 所有老师都增加了<%=number %>岁<br></br>
<%} %>
</body>
</html>
```

Web 页面修改教师信息的运行效果如图 5.18 所示。Web 页面输入修改值的运行效果如图 5.19 所示。Web 页面显示修改结果的效果如图 5.20 所示。

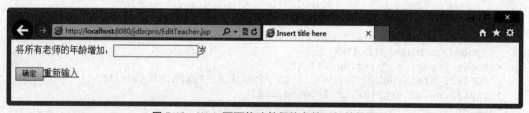

图 5.18　Web 页面修改教师信息的运行效果图

图 5.19　Web 页面输入修改值的运行效果图

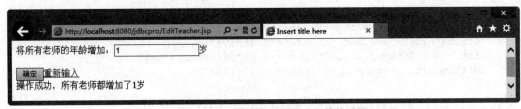

图 5.20　Web 页面显示修改结果的效果图

查看数据库 TeacherInfo，会发现每行记录中的年龄字段值都增加了 1。

新增数据需要在页面中设计每个输入域，也就是表单中各元素要和插入的数据相匹配。

案例 5.10　在 Web 页面中实现数据新增功能。要求：新增教师信息，包括 "00006，幸运儿，49，女，教授"。

Web 页面新增教师信息的页面效果如图 5.21 所示。

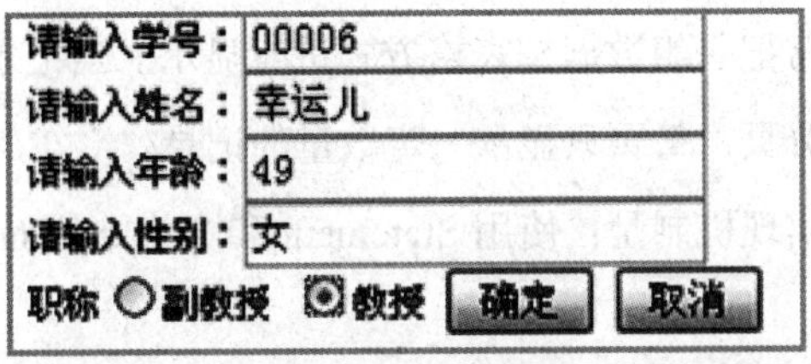

图 5.21　Web 页面新增教师信息的页面效果图

点击 "确定" 按钮后，新页面显示新增的教师姓名及其职称如图 5.22 所示。

图 5.22　Web 页面显示新增教师信息的页面效果图

至此完成了该教师信息在数据库中的存储。

输入页面的表单设计代码如下：

```
<form name ="inputPersonInfo" method = "post" action = "AddTeacher.jsp">
    请输入学号：<input name = "sno" type="text"></input><br></br>
    请输入姓名：<input name = "name" type="text"></input><br></br>
    请输入年龄：<input name = "age" type="text"></input><br></br>
    请输入性别：<input name = "sex" type="text"></input><br></br>
    职称<input name = "title" type= "radio" value="副教授" checked = true>副教授</input>
    <input name = "title" type="radio" value="教授">教授</br>
    <input name = "enter" type="submit" value = "确定"><input id = "cancel"
type="reset" value = "取消">
</form>
```

数据处理页面的设计包括接收参数、新增数据到 TeacherInfo 表、显示结果，代码如下：

```
<%request.setCharacterEncoding("UTF-8");%>
<%
```

```
String sno = request.getParameter("sno");
String sex = request.getParameter("sex");
String name = request.getParameter("name");
int age = Integer.valueOf(request.getParameter("age"));
String title =request.getParameter("title");
//
```

此处完成新增一行教师信息到 TeacherInfo 表中，代码如下：

```
%>
    <div style="margin-left:100px;background:#666688;">
    该教师的姓名是：<%=name %><br>
        该教师的职称是：<%=title %><br>
        后续资料尚在建设中……
    </div>
```

5.3.6　分页

在实际应用中，我们常把一组数据按表格方式进行显示。当记录数量过大时，屏幕上不方便显示。所以需要将数据分页，每页只显示一定数量的记录。

在 JDBC 中，分页的实现机制是：使用 Statement 和 PreparedStatement 发送 SQL 查询语句获得数据。

5.4　JDBC 访问 MySQL 数据库

首先安装 MySQL，下载地址为 https://www.mysql.com/downloads/，选择 MySQL 社区版下载。保证 MySQL 数据库安装成功，界面如图 5.23 所示。

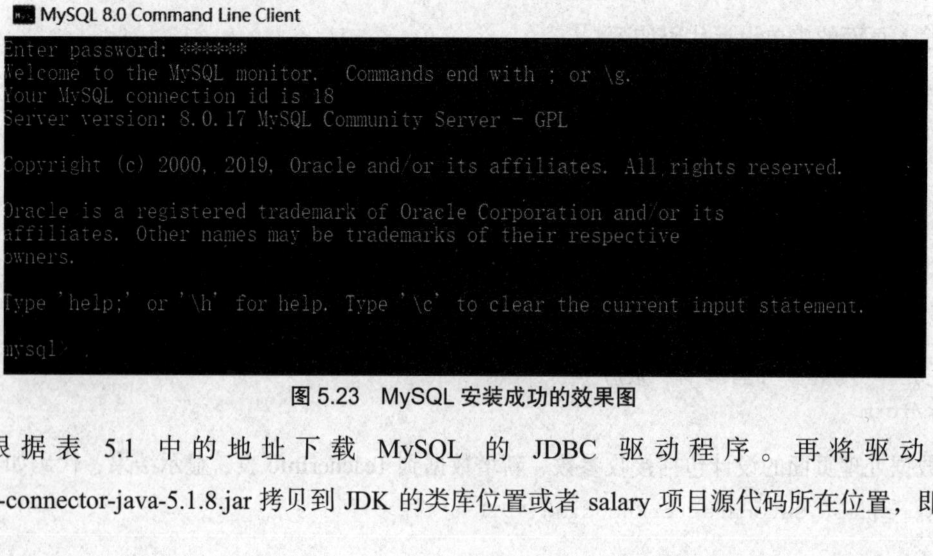

图 5.23　MySQL 安装成功的效果图

根据表 5.1 中的地址下载 MySQL 的 JDBC 驱动程序。再将驱动文件 mysql-connector-java-5.1.8.jar 拷贝到 JDK 的类库位置或者 salary 项目源代码所在位置，即项目的可引用类路径，如图 5.24 所示。设置方法同前面导入 SQL Server 数据库驱动文件。

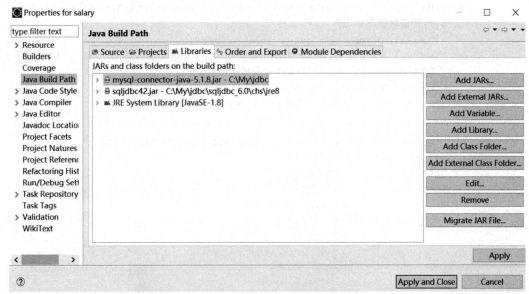

图 5.24　Java 项目中加入 MySQL 驱动程序后的效果图

修改程序 TeacherSalary.java，用于测试与 MySQL 数据库能否正常连接。与 JDBC 连接 SQL Server 数据库不同的是，MySQL 驱动程序的全称是 com.mysql.jdbc.Driver，所以采用 Class 加载驱动程序的代码如下：

```
Class.forName("com.mysql.jdbc.Driver");
```

若驱动版本为 8.x.xx，则需将 com.mysql.jdbc.Driver 更换为 com.mysql.cj.jdbc.Driver。

MySQL 同样需要使用 DriverManager 的 getConnection()方法连接数据库，此时的 url、user、password 也分别对应数据库的具体位置、数据库用户名及密码。

本地机器上建立的 MySQL 数据库 salary、url 为 jdbc:mysql://localhost:3306/salary。

然后设置 MySQL 数据库使用者的用户名及密码。一般可以直接使用 root 用户，若 root 用户默认密码设置为 "root"，那么完整的语句如下：

```
String url = "jdbc:mysql://localhost:3306/salary";
Connection conn = DriverManager.getConnection (url,"root","root");
```

修改以上语句即可，完整测试 JDBC 连接 MySQL 数据库的代码如下：

```
package salary;

import java.sql.Connection;
import java.sql.DatabaseMetaData;
import java.sql.DriverManager;
import java.sql.SQLException;

public class TeacherSalary {
```

```
public static void main(String[] args) {
    String url="jdbc:mysql://localhost/salary?characterEncoding=utf-8";
    try{//加载数据库驱动类
        Class.forName("com.mysql.jdbc.Driver");
        Connection con = DriverManager.getConnection(url,"root","root");
        System.out.println("数据库连接成功");
        DatabaseMetaData dma = con.getMetaData();
        System.out.println("连接上" + dma.getURL());
        System.out.println("驱动程序" + dma.getDriverName());
        System.out.println("版本" + dma.getDriverVersion());
        System.out.println("");
    } catch(SQLException ex) {
        System.out.println ("\n*** 发生 SQL 异常 ***\n"+ex.getMessage());
    } catch(ClassNotFoundException ex) {
        System.out.println(ex);
    }

}

}
```

可以在控制台中看到运行结果如图 5.25 所示。

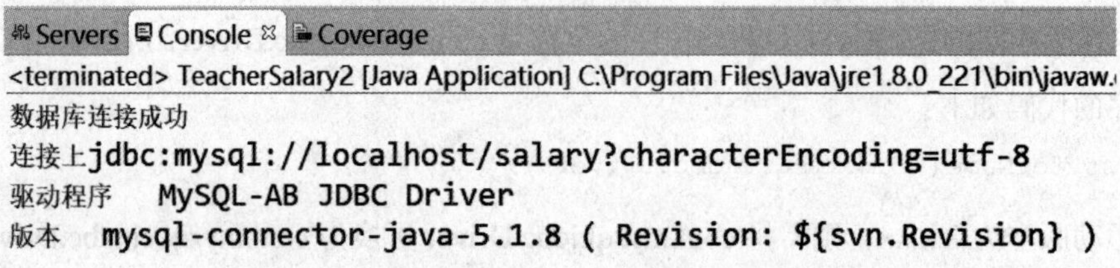

```
Servers  Console ☒  Coverage
<terminated> TeacherSalary2 [Java Application] C:\Program Files\Java\jre1.8.0_221\bin\javaw.
数据库连接成功
连接上jdbc:mysql://localhost/salary?characterEncoding=utf-8
驱动程序   MySQL-AB JDBC Driver
版本  mysql-connector-java-5.1.8 ( Revision: ${svn.Revision} )
```

图 5.25　JDBC 连接 MySQL 数据库成功的效果图

由图 5.25 可看出，打印出了连接上的 MySQL 数据库的信息，表示 MySQL 数据库 salary 连接成功。

5.5　综合项目：基于层次架构模式的 Web 教师工资管理系统

在第 4 章综合项目的基础上增加 "JDBC 完成教师工资数据的存储及访问等相关应用" 的功能。

5.5.1　数据表设计

设计一个表 wage，包含教师编号、工资发放月、超额工作课时数、基本工资数、本月发放工资。wage 数据表结构如图 5.26 所示。

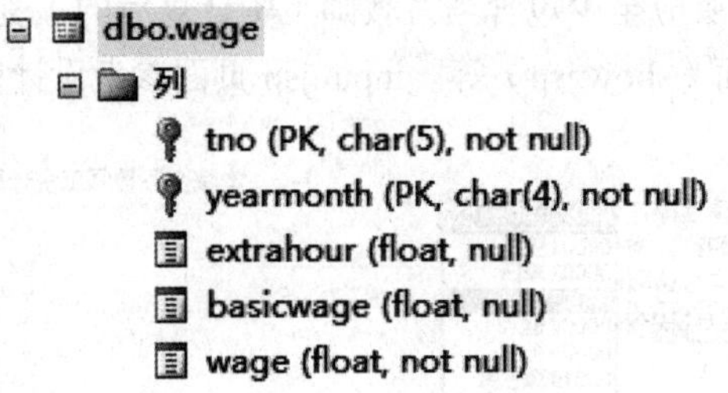

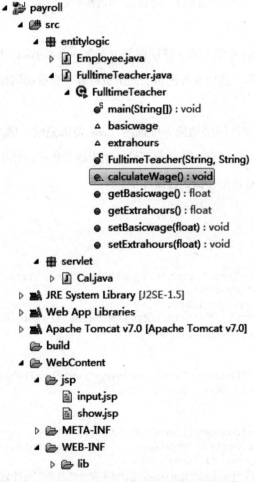

图 5.26　wage 数据表结构

5.5.2　基于层次架构模式设计与开发

架构要求分为表示层、控制层、业务逻辑层（含数据访问层功能），如图 5.27 所示。

图 5.27　基于层次架构模式设计与开发的项目结构

1.表示层

表示层即为该系统提供给用户使用的各个页面。

可设计为 JSP 页面。该层应至少包含当月教师工资计算后的工资数据存储页面(input.jsp)、显示工资数据已保存的页面(show.jsp)等。input.jsp 页面参考设计效果如图 5.28 所示。

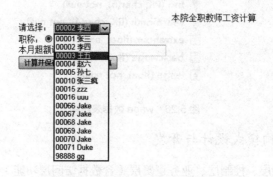

图 5.28　input.jsp 页面参考设计效果

2.控制层

控制层可选用 Servlet 技术完成。该层应至少包含一个 Servlet(Cal.java)。接收表示层 JSP 页面表单传递的基本数据,调用业务逻辑层的工资计算和数据访问存储功能。

3.业务逻辑层

业务逻辑层(含数据访问层功能)可选用 Java 类来完成。例如,FullTimeTeacher.java、PartTimeTeacher 等。其中,FullTimeTeacher 可设计相应的方法来计算相应的工资,并能使用 JDBC 将计算结果作为教师工资数据存储到数据库中。

5.5.3　代码清单

input.jsp 代码如下:

```
<%@ page language="java" contentType="text/html;charset=UTF-8"
    pageEncoding="UTF-8"%>
    <%@ page import="java.sql.*"%>
<!DOCTYPE html PUBLIC "-//W3C//DTD HTML 4.01 Transitional//EN"
"http://www.w3.org/TR/html4/loose.dtd">
<html>
<head>
<meta http-equiv="Content-Type" content="text/html;charset=UTF-8">
<title>Insert title here</title>
</head>
<body>
<%=this.getServletContext().getContextPath() %>
<%String url=this.getServletContext().getContextPath()+"/Cal";%>
    <form method=post action=<%=url %>>
        <div style="text-align:center">本院全职教师工资计算</div>
        请选择:
<select name ="tno">
<% try {
        Connection con;
```

```
      con = DriverManager.getConnection(
         "jdbc:sqlserver://localhost;databaseName=salary","sa",
         "123456");
      Statement stmt = con.createStatement();
      ResultSet rs = stmt.executeQuery("select * from teacherinfo");
      while (rs.next()) {%>
<option value=<%=rs.getString("tno") %>><%=rs.getString("tno") %>
<%=rs.getString("teachername") %></option>
<%
      }
   } catch (Exception e) {
      e.printStackTrace();
      }
   %>
</select>
   <br>
   职称：<input name="employeeTitle" type="radio" value="副教授"
   checked ="checked">
   副教授<input name="employeeTitle" type ="radio" value="教授">教授<br>
   本月超额课时为：<input name="employeeExtraClasshour" type="text"><br>
   <input name="CalculateWage" type="submit" value="计算并保存">
   <input name="reset" type="reset" value="重填">
   <br></br>
   </form>
</body>
</body>
</html>

FulltimeTeacher.java:
package entitylogic;
import java.sql.*;
public class FulltimeTeacher extends Employee{
public FulltimeTeacher(String tno,String title) {
   super(tno,title);
}
float extrahours;
float basicwage;
   public float getExtrahours() {
   return extrahours;
}
public void setExtrahours(float extrahours) {
   this.extrahours = extrahours;
}
public float getBasicwage() {
   return basicwage;
}
public void setBasicwage(float basicwage) {
   this.basicwage = basicwage;
}
@Override
   public void calculateWage() {
      //TODO Auto-generated method stub
      if (this.title.equals("副教授")){
         this.basicwage=4000;
```

```
        wage = this.basicwage+this.extrahours*80;
    }else if (this.title.equals("教授")){
        this.basicwage=6000;
        wage = this.basicwage+this.extrahours*100;
    }
    try {
        Connection con;
        con = DriverManager.getConnection(
            "jdbc:sqlserver://localhost;databaseName=salary","sa",
            "123456");
        PreparedStatement pstmt = con.prepareStatement(
            "insert into wage values(?,?,?,?,?)");
        pstmt.setString(1,tno);
        pstmt.setString(2,"2006");//06是月，20是年
        pstmt.setFloat(3,this.extrahours);
        pstmt.setFloat(4,this.basicwage);
        pstmt.setFloat(5,this.wage);
        pstmt.executeUpdate();

    } catch (Exception e) {
        e.printStackTrace();
    }
}
}
```

项目其他代码（略）。

习题五

1.简述 JDBC 在数据库应用程序开发中的作用。

2.Statement 对象和 ResultSet 对象如何协同工作?

3.事务处理和单个 SQL 语句的执行在实际应用中有何区别?

4.完善 Web 工资管理系统，包括工资信息的增、删、改、查及各类统计功能等。

第6章 Java Web 框架技术应用开发

为了使 Java EE 架构具有更高的可维护性和可扩展性，同时提高项目的开发效率，企业项目通常会选用框架进行开发。常见的框架组合技术有 SSM（Spring+SpringMVC+MyBatis）、SSH（Struts+Spring+Hibernate）等。下面介绍这些常见框架。

【追根溯源】

高一级的封装往往是为了实现更高效的运转。更高级的"框架"技术产生往往是为了搭建更宏伟的"摩天大楼"。

6.1 MyBatis 框架

MyBatis 框架是一种 ORM 框架，主要解决面向对象编程语言中的对象与关系型数据库中数据之间的转换问题。在实体类和 SQL 语句间建立映射关系，实现将 Java 程序中的对象映射到数据表中。

6.1.1 MyBatis 完成静态 SQL

在第 5 章介绍的 JDBC 中，连接数据库不仅需要给出相应的 SQL 语句，还需要操作连接对象 Connection、语句对象 Statement、结果集对象 ResultSet 等。使用 MyBatis 框架，我们只需要关注 SQL 语句本身，其他操作都交给 MyBatis 处理，这样简化了 JDBC 访问数据库的过程。

本节结合 MySQL 数据库，使用 MyBatis 框架完成对数据库的访问操作。MyBatis 访问数据库的步骤如下。

（1）通过 MyBatis 核心配置文件读取数据库连接信息。

（2）加载 SQL 映射文件 XX.xml，获取相关的 SQL 语句。

（3）构建会话工厂 SqlSessionFactory，并创建对象 SqlSession，利用其对应的方法执行 SQL 语句。

（4）返回执行结果给应用程序。

下面通过一个实例来具体了解 MyBatis 对数据库的访问操作过程。

案例 6.1 对学生信息数据库进行查询操作。

查询学生数据表中所有学生的信息并在控制台显示出来。具体实现步骤如下。

（1）创建 MySQL 数据库 StudentInfo，并为其新建 student 表，student 表的具体结构如表 6.1 所示。

表 6.1　student 表的具体结构

列名	数据类型	约束	备注
sno	Char(10)	主键	学号
sname	varchar(10)	唯一	姓名
sage	int	—	年龄
sex	char(2)	—	性别
sdept	varchar(50)	—	系别

使用 MySQL 创建数据库 StudentInfo 及数据表 student 的方式如图 6.1 所示。

```
MySQL 8.0 Command Line Client
mysql> create database StudentInfo;
Query OK, 1 row affected (0.01 sec)

mysql> use StudentInfo;
Database changed
mysql> create table student(
    -> sno char(10) primary key,
    -> sname varchar(10) unique,
    -> sage int,
    -> sex char(2),
    -> sdept varchar(50)
    -> );
Query OK, 0 rows affected (0.04 sec)
```

图 6.1　创建数据库 StudentInfo 及数据表 student

向数据表 student 中插入数据的方式如图 6.2 所示。

```
mysql> insert into student values('201901001','陈冬',18,'男','计科');
Query OK, 1 row affected (0.01 sec)

mysql> insert into student values('201901002','王月',19,'女','计科');
Query OK, 1 row affected (0.01 sec)

mysql> insert into student values('201901003','刘晨',20,'男','软工');
Query OK, 1 row affected (0.01 sec)
```

图 6.2　向数据表 student 中插入数据

插入完成后，数据表 student 中的全部数据如图 6.3 所示。

```
mysql> select * from student;
+-----------+-------+------+-----+-------+
| sno       | sname | sage | sex | sdept |
+-----------+-------+------+-----+-------+
| 201901001 | 陈冬  |   18 | 男  | 计科  |
| 201901002 | 王月  |   19 | 女  | 计科  |
| 201901003 | 刘晨  |   20 | 男  | 软工  |
+-----------+-------+------+-----+-------+
```

图 6.3　数据表 student 中的全部数据

（2）在 Eclipse 中创建一个 Web 项目 MyBatis，并将所需要的 MyBatis.jar 包以及 MySQL

的数据库驱动包添加到当前项目的 lib 目录下。MyBatis 的下载地址为 https://github.com/mybatis/mybatis-3/releases，下载成功后解压，该文件夹中主要包含应用 MyBatis 所需的依赖包和核心包等，具体文件结构如图 6.4 所示。

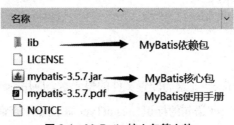

图 6.4　MyBatis 核心包等文件

将应用 MyBatis 所需的核心 jar 包和 lib 目录下的依赖包，以及连接 MySQL 数据库所需的驱动 jar 包都复制到当前项目的 lib 目录下，如图 6.5 所示。

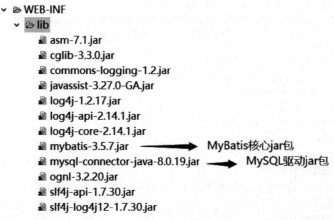

图 6.5　将 MyBatis 核心 jar 包和 MySQL 驱动 jar 包复制到项目相应位置

（3）在 src 目录下创建包 pojo，并在该包中创建实体类 Student，映射数据库中的数据表 student，代码如下：

```
public class Student {
    private String sno;
    private String sname;
    private int sage;
    private String sex;
private String sdept;

    //各属性的 get、set 方法
}
```

以上实体类 Student 的属性与数据表 student 的各字段一一对应。

（4）在包 pojo 中创建 student.xml 配置文件，对应数据库中的数据表 student 的 SQL 配置，代码如下：

```xml
<?xml version="1.0" encoding="UTF-8"?>
<!DOCTYPE mapper
    PUBLIC "-//mybatis.org//DTD Mapper 3.0//EN"
    "http://mybatis.org/dtd/mybatis-3-mapper.dtd">

<mapper namespace="pojo">
    <select id="findStudent" resultType="pojo.Student">
        select * from student
    </select>
</mapper>
```

以上配置文件中，<mapper>元素为配置文件的根元素。应用<select>元素配置 select 查询语句信息，id 属性值为当前 select 语句的标识，resultType 属性表示查询结果返回的类型为 Student 对象。

（5）在 src 目录下创建 MyBatis 的配置文件 mybatis-config.xml。主要配置数据库环境以及映射文件的位置，代码如下：

```xml
<?xml version="1.0" encoding="UTF-8"?>
<!DOCTYPE configuration PUBLIC "-//mybatis.org//DTD Config 3.0//EN"
    "http://mybatis.org/dtd/mybatis-3-config.dtd">
<configuration>
<!--数据库环境-->
<environments default="mysql">
<environment id="mysql">
<!--使用 JDBC 事务管理-->
<transactionManager type="JDBC"/>
<!--数据库连接池-->
<dataSource type="POOLED">
<!--配置数据库连接驱动-->
<property name="driver" value="com.mysql.cj.jdbc.Driver"/>
<!--配置数据库连接的 url 地址-->
<property name="url"
value="jdbc:mysql://localhost:3306/StudentInfo?characterEncoding=utf-8&amp;
    serverTimezone=UTC"/>
<!--配置数据库连接的用户名-->
<property name="username" value="root"/>
<!--配置数据库连接的密码-->
<property name="password" value="root"/>
</dataSource>
</environment>
</environments>
<!--映射文件-->
<mappers>
<mapper resource="pojo/Student.xml" />
</mappers>
</configuration>
```

（6）在 src 目录下创建包 test，并在该包中创建测试类 MybatisTest，用于测试数据库查询操作，代码如下：

```java
package test;
import org.apache.ibatis.io.Resources;
```

```java
import org.apache.ibatis.session.SqlSession;
import org.apache.ibatis.session.SqlSessionFactory;
import org.apache.ibatis.session.SqlSessionFactoryBuilder;
import pojo.Student;

import java.io.IOException;
import java.io.InputStream;
import java.util.List;

public class MybatisTest {
    public static void main(String[] args) throws IOException {
        //1.读取 mybatis-config.xml
        String resource = "mybatis-config.xml";
        InputStream inputStream = Resources.getResourceAsStream(resource);
        //2.根据 mybatis-config.xml 的配置信息得到 sqlSessionFactory
        SqlSessionFactory sqlSessionFactory =
        new SqlSessionFactoryBuilder().build(inputStream);
        //3.通过 sqlSessionFactory 得到 sqlSession
        SqlSession sqlSession = sqlSessionFactory.openSession();
        //4.通过 sqlSession 的 selectList()方法调用 sql 语句 findStudent
        List<Student> listStudent=sqlSession.selectList("findStudent");
        //5.输出查询结果
for (Student student:listStudent) {
    System.out.println("学号:"+student.getSno()+",姓名:"+student.getSname());
        }
    }
}
```

运行以上代码，在控制台输出结果，如图 6.6 所示。

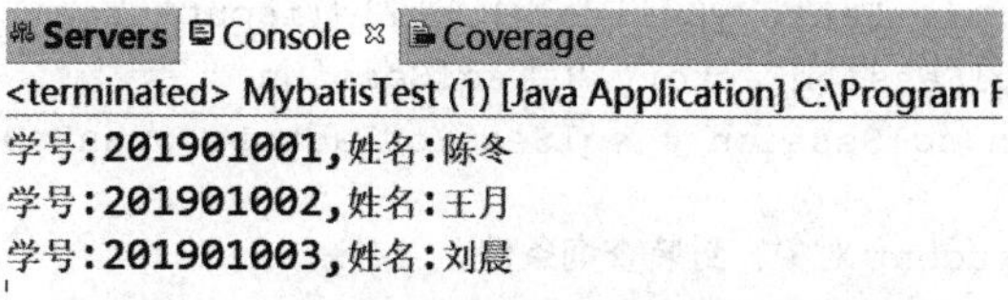

图 6.6　显示数据表中所有数据的运行效果图

从图 6.6 可以看出，成功输出了数据库中存储的所有学生信息。

6.1.2　MyBatis 动态 SQL 完成数据库操作

如果遇到复杂的业务场景，则需要进行 SQL 拼接，使用静态 SQL 拼接较为复杂，常因为要使用空格、逗号等出现错误。针对这个问题，可以使用 MyBatis 中的动态 SQL 来解决。

MyBatis 使用 if、when、where、foreach 等标记进行 SQL 组装，提高程序的准确性和开发效率。下面以 if 标记为例来了解动态 SQL。

案例 6.2　对案例 6.1 中的学生信息进行带条件查询，通过姓名和系别来查询学生信息，根据输入的不同，具体情况如下。

（1）同时输入姓名和系别查询。

（2）不输入系别只通过姓名来查询。

（3）不输入姓名只通过系别找出该系学生的信息。

（4）姓名和系别都不输入，查询所有学生的信息。

根据以上查询条件,符合 if 条件分支情况,我们修改案例 6.1 中的 SQL 映射文件 student.xml,添加如下代码:

```
<select id="findStudentByNameAndSdept" parameterType=
    "pojo.Student" resultType="pojo.Student">
select * from student where 1=1
<if test="sname!=null and sname!=''">
and sname = #{sname}
    </if>
<if test="sdept!=null and sname!=''">
    and sdept = #{sdept}
</if>
</select>
```

以上代码中,<if>标记的 test 属性分别判断了 sname 字段和 sdept 字段是否非空,若非空,则将其加入 where 条件中。#{}用来获取参数值。

修改测试程序 MybatisTest,测试带条件查询操作,代码如下:

```
//1.读取 mybatis-config.xml
String resource = "mybatis-config.xml";
InputStream inputStream = Resources.getResourceAsStream(resource);
//2.根据 mybatis-config.xml 的配置信息得到 sqlSessionFactory
SqlSessionFactory sqlSessionFactory =
new SqlSessionFactoryBuilder().build(inputStream);
//3.通过 sqlSessionFactory 得到 sqlSession
SqlSession sqlSession = sqlSessionFactory.openSession();

//4.创建 student 对象,封装查询条件
Student student=new Student();
student.setSname("刘晨");
student.setSdept("软工");
//5.通过 sqlSession 的 selectList()方法调用 sql 语句 findStudentByNameAndSdept,
传入参数 student
List<Student> listStudent =
sqlSession.selectList("findStudentByNameAndSdept",student);
//6.输出查询结果
for (Student student1:listStudent) {
    System.out.println("学号:" + student1.getSno() + ",姓名:" +
    student1.getSname()+ ",年龄:" + student1.getSage()+ ",性别:" +
    student1.getSex()+ ",系别:" + student1.getSdept());
}
```

由于同时注入了姓名和系别,运行程序,控制台输出结果如图 6.7 所示。

```
🕸 Servers  🖳 Console ⊠  📠 Coverage
<terminated> MybatisTest (1) [Java Application] C:\Program Files\Java\jre1.8.0_221\bir
学号:201901003,姓名:刘晨,年龄:20,性别:男,系别:软工
```

图 6.7　同时注入了姓名和系别后控制台的运行效果图

修改注入信息，可再测试其他三种情况。

6.2　Spring 框架

Spring 框架在当前 Java Web 开发中最为常用，其使用 JavaBean 来简化程序开发。Spring 的功能主要由 Spring 核心容器来实现。Spring 容器相当于一个工厂，在工厂中创建对象并进行管理，直到生命周期结束。这些 Spring 容器中的对象就是 Bean。Spring 容器有 BeanFactory 和 ApplicationContext 两种。ApplicationContext 包含了 BeanFactory 的全部功能，较为常用。

Spring 的两大核心分别是 IoC（Inverse of Control，控制反转）和 AOP（Aspect Oriented Programming，面向切面编程）。

IoC（控制反转）是指将对象的创建权交给 Spring。没有学习 Spring 之前，我们需要自己创建实例对象，应用 Spring 之后，由 Spring 容器来创建并管理对象即可，控制权交给了 Spring 容器。以创建学生对象 Student 为例，图 6.8 给出了传统方式和 IoC 方式的区别，其中方框表示 Spring 容器。

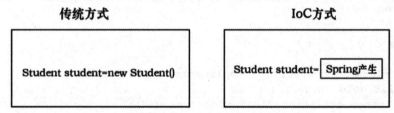

图 6.8　传统方式与 IoC 方式下创建对象的区别

AOP（面向切面编程）中，方法之间、对象之间、模块之间都可以称为切面。AOP 采用的是横向抽取的思想，减少纵向继承关系中各类之间的重复性代码，降低系统各模块之间的耦合度。例如，学生实体 student 与教师实体 teacher 拥有共同属性 name、age、sex，以及这些属性的 get 和 set 方法，为避免代码重复，可以将相同的代码提取出来放到一个新的类中，这是利用横向抽取解决了代码重复。但是，如果要向每个类方法中添加异常处理功能，那么如何在不修改现有代码的情况下添加呢？这可以使用 Spring 的 AOP 思想来解决。AOP 常用于为系统新增通用功能，如异常处理、事务处理、日志管理等。

下面通过一个实例的程序来了解 Spring 框架的基本应用。

（1）在 Eclipse 中创建一个 Web 项目 Spring，并将 Spring 所需的 jar 包添加到当前项目的 lib 目录下，如图 6.9 所示。Spring 的下载地址为：https://repo.spring.io/ui/native/libs-release-local/org/springframework/spring/。

（2）在 src 目录下创建包 dao，并在该包中创建接口 StudentDao，定义学习方法 study()，代码如下：

```
package dao;

public interface StudentDao {
    public void study();
}
```

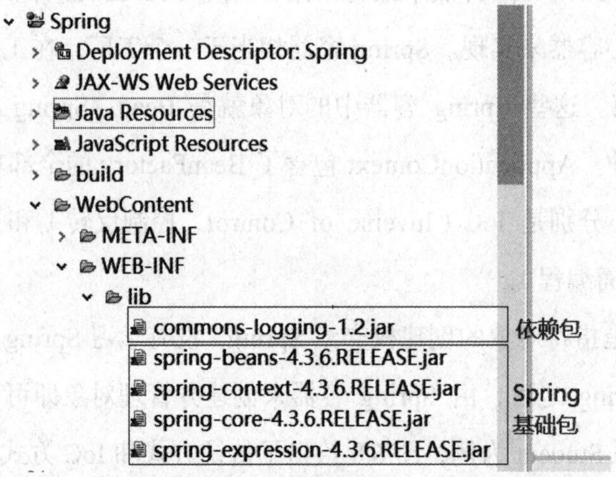

图 6.9　将 Spring 所需的 jar 包添加到 Spring 项目的 lib 目录下

（3）在包 dao 中创建接口 StudentDao 的实现类 StudentDaoImpl，实现方法 study()，代码如下：

```
package dao;

public class StudentDaoImpl implements StudentDao{
    public void study() {
        System.out.print("learnning spring!");
    }
}
```

（4）在 src 目录下创建 Spring 配置文件 applicationContext.xml，代码如下：

```
<?xml version="1.0" encoding="UTF-8"?>
 <beans xmlns="http://www.springframework.org/schema/beans"
    xmlns:xsi="http://www.w3.org/2001/XMLSchema-instance"
    xsi:schemaLocation="http://www.springframework.org/schema/beans
    http://www.springframework.org/schema/beans/spring-beans-4.3.xsd">
    <bean id="StudentDao" class="dao.StudentDaoImpl"/>
</beans>
```

applicationContext.xml 文件中配置了一个 id 为 StudentDao 的 Bean，其具体实现类为包 dao 下的 StudentDaoImpl 类。

（5）创建包 test，在该包中创建测试文件 SpringTest，测试程序如下：

```
package test;
import org.springframework.context.ApplicationContext;
import org.springframework.context.support.ClassPathXmlApplicationContext;
import dao.StudentDao;

public class SpringTest {
    public static void main(String[] args) {
        //1.初始化 Spring 容器，加载配置文件
        ApplicationContext applicationContext =
            new ClassPathXmlApplicationContext("applicationContext.xml");
        //2.通过容器的 getBean()方法得到 StudentDao 实例
        StudentDao studentDao = (StudentDao)
        applicationContext.getBean("StudentDao");
        //3.调用 StudentDao 实例的 study()方法
        studentDao.study();
    }
}
```

运行以上测试程序，得到输出结果如图 6.10 所示。

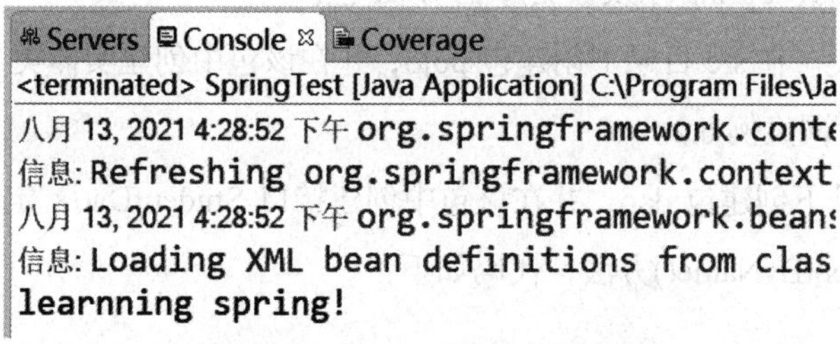

图 6.10　Spring 完成对象的获取

从图 6.10 可看出，控制台成功输出了 "learnning spring!"。我们并没有在程序中创建出 StudentDao 类型的对象，但却成功调用了 StudentDao 实例的 study()方法进行输出，这表明 Spring 通过 Spring 容器来获取了配置文件中设置的实现类 StudentDaoImpl 对象，即完成了控制反转。

6.3　Spring+MyBatis 整合

Spring 贯穿于 Java Web 三层架构（表示层、业务逻辑层、持久层），可以有效地与其他框架整合使用，更便于程序员进行项目开发。下面通过一个实例介绍 Spring 与持久层框架 MyBatis 的整合应用。

案例 6.3　对案例 6.1 中的学生信息进行带条件查询，通过姓名来查询学生信息。

应用 Spring+MyBatis 搭建的程序总体框架如图 6.11 所示。

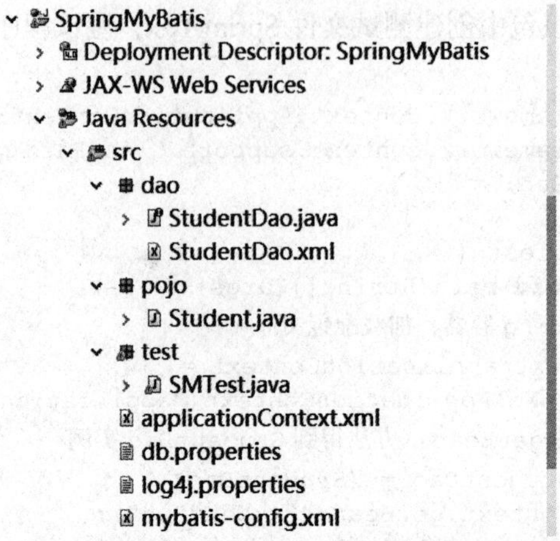

```
✓ 🍃 SpringMyBatis
  > 🗐 Deployment Descriptor: SpringMyBatis
  > 🐾 JAX-WS Web Services
  ✓ 🏂 Java Resources
    ✓ 🎯 src
      ✓ 🌐 dao
        > 🗐 StudentDao.java
          🗐 StudentDao.xml
      ✓ 🌐 pojo
        > 🗐 Student.java
      ✓ 🌐 test
        > 🗐 SMTest.java
          🗐 applicationContext.xml
          🗐 db.properties
          🗐 log4j.properties
          🗐 mybatis-config.xml
```

图 6.11　应用 Spring+MyBatis 搭建的程序总体框架

设计过程如下。

（1）在 Eclipse 中创建一个 Web 项目 SpringMyBatis，将所需的 jar 包添加到当前项目的 lib 目录下，包括 MyBatis、Spring 以及数据库驱动 jar 包。

（2）创建实体类。在 src 目录下创建包 pojo，并在该包中创建实体类 Student，映射数据库中的数据表 student。同案例 6.1。

（3）在 src 目录下创建包 dao，并在该包中创建接口 StudentDao，定义一个根据姓名查询学生信息的 findStudentByName()方法，代码如下：

```java
package dao;
import pojo.Student;

public interface StudentDao {
    public Student findStudentByName(String sname);
}
```

（4）在包 dao 中创建 StudentDao 的映射文件，配置 findStudentByName()方法的具体 select 语句。主要代码如下：

```xml
<mapper namespace="dao.StudentDao">
    <select id="findStudentByName" parameterType=
    "String" resultType="pojo.Student">
        select * from student where sname = #{sname}
    </select>
</mapper>
```

其中，查询参数类型为 String 类型的 sname，查询结果为 Student 类型的对象。

（5）在 src 下创建数据库参数配置文件 db.properties。代码如下：

```
jdbc.driver=com.mysql.cj.jdbc.Driver
jdbc.url=jdbc:mysql://localhost:3306/StudentInfo?characterEncoding=
utf-8&serverTimezone=UTC
jdbc.username=root
jdbc.password=123456
```

（6）在 src 目录下创建 MyBatis 的配置文件 mybatis-config.xml。因为主数据库环境配置已
写入 db.properteis 中，所以此处只需配置映射文件的位置。主要代码如下：

```
<configuration>
    <!--映射文件-->
    <mappers>
        <mapper resource="dao/StudentDao.xml"/>
    </mappers>
</configuration>
```

（7）在 src 目录下创建 Spring 配置文件 applicationContext.xml。在该文件中，配置数据库
连接池，取 db.properteis 中配置的值。配置 sqlSessionFactory 对象，引用 mybatis-config.xml 文
件。配置 StudentDao 对象，指出要实现的接口。主要代码如下：

```
<?xml version="1.0" encoding="UTF-8"?>
<beans xmlns="http://www.springframework.org/schema/beans"
    xmlns:xsi="http://www.w3.org/2001/XMLSchema-instance"
    xmlns:aop="http://www.springframework.org/schema/aop"
    xmlns:tx="http://www.springframework.org/schema/tx"
    xmlns:context="http://www.springframework.org/schema/context"
    xsi:schemaLocation="http://www.springframework.org/schema/beans
    http://www.springframework.org/schema/beans/spring-beans-4.3.xsd
    http://www.springframework.org/schema/tx
    http://www.springframework.org/schema/tx/spring-tx-4.3.xsd
    http://www.springframework.org/schema/context
    http://www.springframework.org/schema/context/spring-context-4.3.xsd
    http://www.springframework.org/schema/aop
    http://www.springframework.org/schema/aop/spring-aop-4.3.xsd">

    <!--读取 db.properties-->
    <context:property-placeholder location="classpath:db.properties"/>
    <!--配置数据源-->
    <bean id="dataSource" class="org.apache.commons.dbcp2.BasicDataSource">
        <!--数据库驱动-->
        <property name="driverClassName" value="${jdbc.driver}"/>
        <!--连接数据库的 url-->
        <property name="url" value="${jdbc.url}"/>
        <!--连接数据库的用户名-->
        <property name="username" value="${jdbc.username}"/>
        <!--连接数据库的密码-->
        <property name="password" value="${jdbc.password}"/>
    </bean>

    <!--配置 MyBatis 工厂-->
    <bean id="sqlSessionFactory"
          class="org.mybatis.spring.SqlSessionFactoryBean">
        <!--注入数据源-->
        <property name="dataSource" ref="dataSource"/>
        <!--指定核心配置文件位置-->
        <property name="configLocation" value="classpath:mybatis-config.xml"/>
    </bean>

    <!--配置 StudentDao 对象-->
    <bean id="StudentDao" class="org.mybatis.spring.mapper.MapperFactoryBean">
```

```
        <property name="mapperInterface" value="dao.StudentDao"/>
        <property name="sqlSessionFactory" ref="sqlSessionFactory"/>
    </bean>

</beans>
```

（8）创建包 test，在该包中创建测试文件 SMTest，测试程序如下：

```java
package test;
import org.springframework.context.ApplicationContext;
import org.springframework.context.support.ClassPathXmlApplicationContext;
import dao.StudentDao;
import pojo.Student;

public class SMTest {
    public static void main(String[] args) {
        //1.初始化 Spring 容器，加载配置文件
        ApplicationContext applicationContext =
        new ClassPathXmlApplicationContext("applicationContext.xml");
        //2.通过容器的 getBean()方法得到 StudentDao 实例
        StudentDao studentDao = (StudentDao)
        applicationContext.getBean("StudentDao");
        //3.调用 StudentDao 实例的 findStudentByName 方法
        Student student=studentDao.findStudentByName("王月");
        //4.输出查询结果
        System.out.println("学号:" + student.getSno() + ",姓名:" +
        student.getSname()+ ",年龄:" + student.getSage()+ ",性别:" +
        student.getSex()+ ",系别:" + student.getSdept());
    }
}
```

运行以上测试程序，控制台的输出结果如图 6.12 所示。

图 6.12   实例项目运行的结果图

由图 6.12 可看出，成功输出了学生王月的信息，整合成功。

【科技载道】

不断追求"更高、更快、更强"是人们对现有技术去整合、创新的源动力。

习题六

1.分析使用 MyBatis 框架和 Spring 框架的优点。

2.简述应用 Spring 和 MyBatis 整合开发的一般步骤。

3.使用不同框架分别完成对学生信息的增、删、改、查等操作。

第 7 章　Java Web 微服务技术：Spring Boot 与 Spring Cloud 基础

互联网在不断发展，Java 技术也在不断更新，传统开发方式在某些情况下已经不能满足人们的需求，微服务开发应运而生。对于一个大型复杂项目，需要进行分布式开发，分解成多个子任务，不同的微服务完成不同的任务。微服务就是在分解应用的基础上实现快速开发和部署。常用的微服务开发技术有 Spring Boot、Spring Cloud 等。

7.1　Spring Boot

Spring Boot 是 Spring 家族中的一个子项目。通过前面的学习，我们发现应用 Spring 框架进行开发时需要用到较多的配置文件，如创建多个 xml 文件、properties 文件，显得较为复杂。Spring Boot 整合了多个框架以及配置库，从而简化了传统 Spring 框架中繁杂的配置，并且内嵌了服务器（如 Tomcat）。Spring Boot 的提出，使得使用者可以更轻松、更高效地进行项目开发。作为新时代的 Java 程序员，使用 Spring Boot 是必备的一个技能。

在 Eclipse 中开发 Spring Boot 项目，需要安装 springboot 插件。在 Eclipse 的 help→EclipseMarketplace 里搜索 STS，安装完成后即可使用。下面通过一个实例的程序来了解 Spring Boot 框架的基本应用。

案例 7.1　编写一个简单的 Web 欢迎页面，在浏览器页面输出"Hello Spring Boot！"。

（1）创建一个 Springboot 类型项目 Demo-1，new 文件类型选择"Spring Starter Project"，如图 7.1 所示。

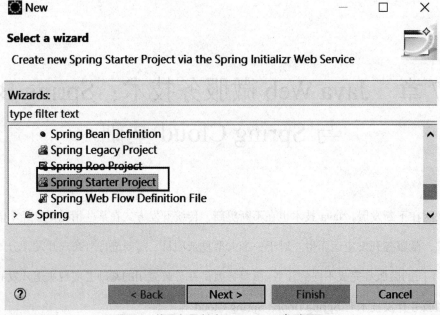

图 7.1　使用向导创建 Springboot 类型项目

创建完成后的项目结构如图 7.2 所示。

图 7.2　Springboot 项目结构

图 7.2 中，Demo1Application.java 是 Springboot 的启动类。与其他项目相关的业务代码、配置代码应放在和启动类的同一级的子包中。

（2）在 com.example.demo 包下创建一个 controller 包，并创建 helloController 类，如图 7.3 所示。

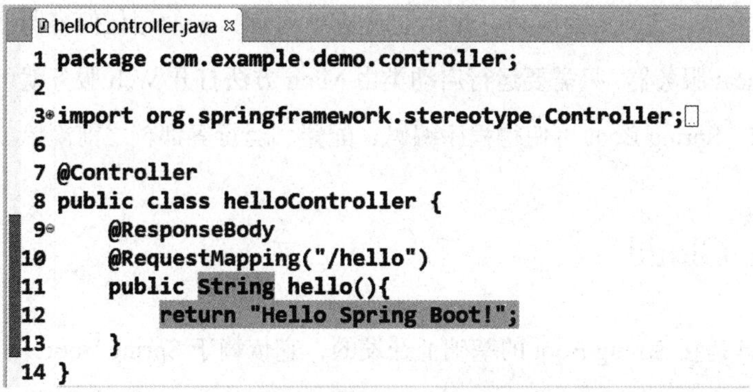

```
📄 helloController.java ☒
1 package com.example.demo.controller;
2
3⊕import org.springframework.stereotype.Controller;▯
6
7 @Controller
8 public class helloController {
9⊕     @ResponseBody
10      @RequestMapping("/hello")
11      public String hello(){
12          return "Hello Spring Boot!";
13      }
14 }
```

图 7.3　在 com.example.demo 包下创建一个 controller 包并创建 helloController 类

此处的 helloController 类用来实现页面访问。

（3）打开项目启动类 Demo1Application.java 并运行，启动类内容如图 7.4 所示。

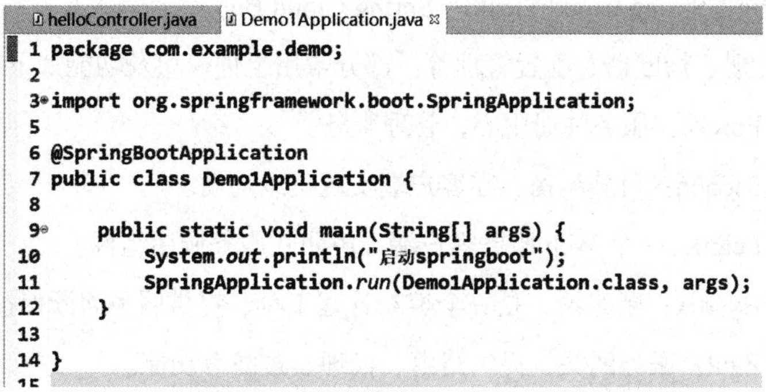

```
📄 helloController.java   📄 Demo1Application.java ☒
1 package com.example.demo;
2
3⊕import org.springframework.boot.SpringApplication;
5
6 @SpringBootApplication
7 public class Demo1Application {
8
9⊕     public static void main(String[] args) {
10          System.out.println("启动springboot");
11          SpringApplication.run(Demo1Application.class, args);
12      }
13
14 }
15
```

图 7.4　项目启动类 Demo1Application.java 的运行效果图

控制台输出结果如图 7.5 所示。

图 7.5　控制台输出结果

在浏览器地址栏输入 http://localhost:8080/hello，得到如图 7.6 所示的结果页面。

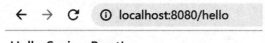

Hello Spring Boot!

图 7.6　浏览器显示运行结果页面

由图 7.6 可看出，访问页面成功。此处生成 Web 页面，未使用任何容器，没有配置文件，也没有配置 Tomcat 服务器，只需要运行启动类由 Main 方法打开 Web 服务就可以生成页面访问路由。由此可知，Spring Boot 可使得程序编码、配置、运行等都较之前简单。

7.2　Spring Cloud

Spring Cloud 是在 Spring Boot 的基础上开发的，它依赖于 Spring Boot，可利用其开发便利性简化分布式系统的开发。Spring Boot 主要用于单个微服务，实现一键启动及部署；而 Spring Cloud 集中于解决项目整体的服务治理。

Spring Cloud 可以说是一个框架集合，它包含多个不同的子框架，如 Spring Cloud Netflix、Spring Cloud Config、Spring Cloud Sleuth、Spring Cloud Bus 等，提供了一系列实现分布式开发的工具，如服务注册、熔断器、配置管理等。部分常用组件模块及功能如下。

（1）Netflix Eureka：服务注册中心，管理服务。

（2）Netflix Ribbon：负载均衡，在客户端实现负载均衡。

（3）Netflix Feign：一个 Web 服务客户端，声明式服务调用组件。

（4）Netflix Hystrix：断路器，是一个熔断管理工具，提供服务熔断保护。

（5）Netflix Zuul：服务网关，提供路由、代理、过滤等功能。

（6）Spring Cloud Config：配置管理。

（7）Spring Cloud Sleuth：分布式服务追踪。

（8）Spring Cloud Bus：集群消息总线。

使用 Spring Cloud 技术进行项目开发，需要掌握以上各种组件模块的应用。

习题七

1.简述应用 Spring Boot 和 Spring Cloud 开发的优点。

2.完成你的第一个 Spring Boot 项目搭建。

参考文献

[1] 姚远，黄文文. JAVA WEB 高级应用开发技术案例教程（JSP&SSH）[M]. 北京：中国财政经济出版社，2016.

[2] 姚远，苏莹. Java 程序设计[M]. 北京：机械工业出版社，2017.

[3] 丁一凡，姚远. Web 高级程序设计（Java&JSP）[M]. 大连：大连理工大学出版社，2011.

[4] 姚远，范丰龙. C#程序设计案例教程[M]. 武汉：华中科技大学出版社，2015.

参考文献

[1] ... Java Web 应用 ... 北京：人民邮电出版社，2016.

[2] ... Java 程序设计 ... 北京：清华大学出版社，2017.

[3] ... Web 前端开发与应用（JavaScript+jQuery）... 北京：人民邮电出版社，2019.

[4] ... 前端开发与应用 ... 北京：清华大学出版社，2019.